Prüfungs-Trainer
Mikrobiologie

Andreas Held

Prüfungs-Trainer
Mikrobiologie

ELSEVIER
SPEKTRUM
AKADEMISCHER
VERLAG

Spektrum
AKADEMISCHER VERLAG

Zuschriften und Kritik an:
Elsevier GmbH, Spektrum Akademischer Verlag, Lektorat Naturwissenschaften,
Merlet Behncke-Braunbeck, Jutta Liebau, Slevogtstr. 3-5, 69126 Heidelberg
m.braunbeck@elsevier.com

Wichtiger Hinweis für den Benutzer

Der Verlag und der Autor haben alle Sorgfalt walten lassen, um vollständige und
akkurate Informationen in diesem Buch zu publizieren. Der Verlag übernimmt
weder Garantie noch die juristische Verantwortung oder irgendeine Haftung für
die Nutzung dieser Informationen, für deren Wirtschaftlichkeit oder fehlerfreie
Funktion für einen bestimmten Zweck. Der Verlag übernimmt keine Gewähr
dafür, dass die beschriebenen Verfahren, Programme usw. frei von Schutzrechten
Dritter sind. Der Verlag hat sich bemüht, sämtliche Rechteinhaber von Abbildun-
gen zu ermitteln. Sollte dem Verlag gegenüber dennoch der Nachweis der
Rechtsinhaberschaft geführt werden, wird das branchenübliche Honorar gezahlt.

Bibliografische Information Der Deutschen Bibliothek
Die Deutsche Bibliothek verzeichnet diese Publikation in der Deutschen
Nationalbibliografie; detaillierte bibliografische Daten sind im Internet über http:
//dnb.ddb.de abrufbar.

1. Auflage 2004
© Elsevier GmbH, München
Spektrum Akademischer Verlag ist ein Imprint der Elsevier GmbH.

04 05 06 07 08   5 4 3 2 1 0

Planung und Lektorat: Merlet Behncke-Braunbeck, Jutta Liebau
Herstellung: Ute Kreutzer
Satz: Ute Kreutzer
Druck und Bindung: LegoPrint S.p.A., Lavis
Umschlaggestaltung: WSP Design, Heidelberg
Titelfotografie (linker Teil): © Tony Stone Bilderwelten / Tim Davis
Gedruckt auf 90gr. Valprint, 1,3faches Volumen

Printed in Italy
ISBN 3-8274-1471-7

Aktuelle Informationen finden Sie im Internet unter www.elsevier-deutschland.de

Vorwort

Was ist ein Siphon?

Die Antwort auf diese und viele weitere Fragen über Tiere habe ich nicht mehr vergessen, seit ich in den Siebzigerjahren in Zoologie das Zwischenexamen ablegte. Mein damaliger Zoologieprofessor war bekannt für seinen „Wissenskatalog", den er an Studierende verteilte, die sich bei ihm zur mündlichen Prüfung anmeldeten. Die rund 200 darin formulierten Aussagen und Fragen quer durch die Systematik und Morphologie der Tiere empfand ich seinerzeit als eine echte Rettungsinsel im endlosen Sumpf der Fakten und Phänomene, in den mich Lehrbücher und Vorlesungen getaucht hatten. Eine gewisse Skepsis blieb allerdings – war es nicht zu riskant, sich auf ein derart komprimiertes Wissensspektrum zu verlassen? Erstaunlicherweise verhalf mir dieses frühe Kompendium nicht nur zum erhofften Prüfungsergebnis, sondern tatsächlich zu einem gewissen Grundverständnis der Zoologie, und dies wiederum erzeugte bei mir damals eine ganz allgemeine Begeisterung für biologische Phänomene und Fragestellungen, die mich bis heute nicht mehr losgelassen hat. Es hätte in der Prüfung nämlich nicht genügt, einfach nur auswendig herzubeten: „Ein Siphon ist ein rüsselartiger Auswuchs des Mantels bei Mollusken." Ich musste natürlich auch erklären können, wozu das Tier den Siphon braucht, wie er funktioniert und warum manche Arten keinen und andere zwei davon haben. Dafür durchforstete ich gezielt die im „Wissenskatalog" angegebenen Seiten meiner Lehrbücher – und ehe ich mich versah, hatte ich anhand des Siphons erstaunlich viel über Mollusken und über Biologie begriffen. Jener so hilfreiche „Wissenskatalog" war tatsächlich eine Frühform der vorliegenden, von Experten erstellten Buchreihe – ein altbewährtes Lernsystem, das hier nach modernen didaktischen Kriterien optimiert wurde.

Auch heute, in Zeiten, in denen Lehrbücher wie Campbells *Biologie* und das fünfbändige Werk *Grundstudium Biologie*, herausgegeben von Katharina Munk, didaktische Maßstäbe setzen, sind gut zusammengestellte Kompendien nicht überflüssig geworden – ganz im Gegenteil. Die Stofffülle ist heute immens, und meist kumulieren zum Ende des Semesters die Prüfungstermine, sodass selbst fleißige und gut organisierte Studierende bei der Prüfungsvorbereitung gehörig unter Druck geraten. Wer da nicht kontinuierlich gelernt hat, dem bleibt mitunter

verzweifelt wenig Zeit. Die vorliegende Reihe bildet hier ein Notpro-
gramm vor allem für Studierende der Biologie, die eine unmittelbar
bevorstehende Zwischenprüfung (Lehramt oder Vordiplom) bestehen
möchten und hierfür angesichts der zu beherrschenden Stofffülle eine
„Lebensversicherung" suchen. Die Inhalte sind so ausgewählt, dass sie
den Kernbereich der betreffenden Gebiete (Mikrobiologie, Botanik, Zoologie, Genetik, Zellbiologie und Biochemie) breit abdecken und dennoch
anhand etlicher Seitenhinweise vor allem auf Campbells *Biologie* eine
Vertiefung ermöglichen. Wer in kurzer Zeit viel Stoff effizient wieder-
holen, also „abhaken" möchte oder einen letzten Sicherheits-Check über
seinen Wissensstand durchzuführen wünscht, der ist mit dieser Reihe
sicher hervorragend bedient.

Prof. Dr. Jürgen Markl
Institut für Zoologie
Johannes Gutenberg-Universität Mainz
Januar 2004

Inhalt

1. Mikroorganismen

Mikroorganismen sind eine große, heterogene Gruppe meist einzelliger Organismen geringer Größe.

1.1 Merkmale und Eigenschaften

Mikroorganismen kann man unterteilen in:
- **Eukaryoten** (Hefen, Protozoen, einzellige Algen, Schimmelpilze etc.)
- **Prokaryoten** (Bakterien)
- **Viren**

Gemeinsames Merkmal aller Mikroorganismen ist ihre geringe Größe (< 1 mm).

Größenbereiche von Mikroorganismen:

Mikroorganismen	Größe
Protozoen	200–500 µm
Hefen	4–8 µm
Bakterien	0,2–5 µm
Viren	0,02–0,45 µm

Der größte bekannte Prokaryot ist das mit bloßem Auge erkennbare Schwefelbakterium *Thiomargarita namibiensis* mit einer Größe bis zu 750 µm.

Mikroorganismen spielen eine wichtige Rolle für Mensch und
Umwelt:
- Hauptproduzenten der Biomasse
- Beteiligung an Stoffkreisläufen
- physiologische Mikroflora
- Krankheitserreger
- Nutzung in Bio- und Gentechnologie

Geschichte der Mikrobiologie
Die Mikrobiologie ist eine junge Wissenschaft, an deren Beginn die
mikroskopische Untersuchung der Fruchtkörper von **Schimmelpilzen**
(**Robert Hooke** 1664) sowie die Entdeckung von **Bakterien** stand
(**Antonie van Leeuwenhook** 1684).
Weitere wichtige Meilensteine waren:
- Entdeckung der **alkoholischen Gärung** durch Hefen
  (**Louis Pasteur** 1860)
- Identifizierung der Erreger von **Tuberkulose** und **Cholera**
  (**Robert Koch** 1882–1884)
- Entdeckung von **Penicillin** (**Alexander Fleming** 1929)
- Entdeckung der **Sulfonamide** (**Gehard Domagk** 1933)
- Entwicklung der **DNA-Sequenzierung** (**Fred Sanger** 1977)

 Als Begründer der **Bakteriologie** gilt der deutsche Forscher Robert
Koch, der für seine Forschungen 1905 den Nobelpreis erhielt.

 Ein Gramm Gartenerde enthält im Schnitt 10^7–10^8 Bakterien,
500 000 Pilze, 50 000 Algen und 30 000 Protozoen.

*Die kurze Generationszeit der Bakterien erleichtert ihre evolutionäre
Anpassung an wechselnde Umweltbedingungen*
☐ *gelernt (Campbell S. 398)*

Eigenschaften von Mikroorganismen, die ihre Ausbreitung begünstigen:

- **große Populationen** mit **hohen Wachstumsraten**
- **rasche Vermehrung**, bei Bakterien durch **Zweiteilung**
- **hohe Mutationswahrscheinlichkeit** durch viele Replikationszyklen
- dadurch **rasche Anpassung** an Veränderungen
- **Besiedlung fast aller ökologischer Nischen**: in der Erde, in der Luft, auf Pflanzen, in den Körpern von Menschen und Tieren und auch in extremen Lebensräumen durch Spezialisten
- spezielle **Anpassungsmechanismen** auf genetischer und physiologischer Ebene
- **Toleranz** gegenüber unterschiedlichsten Temperaturen (0–100°C), pH-Werten (sauer bis basisch), Salzkonzentrationen (normal und hoch) und hohem Druck
- Wachstum mit und ohne **Sauerstoff: aerobe** und **anaerobe** (nicht auf Sauerstoff angewiesene) Formen (teils fakultativ)
- Nutzung **unterschiedlicher Energiequellen: Phototrophe** nutzen das Sonnenlicht, **Chemotrophe** hingegen anorganische Verbindungen (z. B. CO_2, **Autotrophe**) oder organische Stoffe (z. B. Kohlenstoffverbindungen, **Heterotrophe**)

Prokaryoten gibt es (fast) überall

(Campbell S. 628) gelernt ☐

1.2 Bedeutung in der Natur

- Mikroorganismen waren die **ersten Lebensformen** auf der Erde (älteste Fossilfunde sind ca. 3,6 Milliarden Jahre alt), die vermutlich **anoxygen** lebten.
- Als **Produzenten von Sauerstoff** (seit ca. 2 Milliarden Jahren) **und Biomasse** waren sie Wegbereiter für die Entstehung der modernen Eukaryoten.

Ökologische Bedeutung

- Beteiligung an den **Stoffkreisläufen** von Kohlenstoff, Sauerstoff, Stickstoff, Schwefel und Phosphor
- **Fixierung von Kohlendioxid**: Photosynthetische Bakterien und Pflanzen fixieren atmosphärisches CO_2 und liefern organische Verbindungen für die Atmung (Tiere, Pflanzen. Mikroorganismen) und Gärprozesse (Anaerobier).
- **Stickstofffixierung** durch Bakterien: Der für den Aufbau von Proteinen und Nucleinsäuren unentbehrliche atmosphärische Stickstoff (N_2) kann von Pflanzen und Tieren nicht direkt aufgenommen werden.
  - **nitrifizierende** Bodenbakterien: setzen NH_4^+ zu Nitrit (NO_2^-) und weiter zu Nitrat (NO_3^-) um
  - **denitrifizierende** Bodenbakterien: setzen Nitrat zu N_2 um
  - **Fäulnisbakterien**: bauen in organischen Verbindungen (Proteinen, Nucleinsäuren) gebundenen Stickstoff zu Ammoniumionen ab

Prokaryoten sind unentbehrlich für das Recycling chemischer Elemente in Ökosystemen

☐ *gelernt (Campbell S. 643)*

1.3 Mikroorganismen und Mensch: medizinische Bedeutung und Nutzung

💲 Medizinische Bedeutung

- Zahlreiche Mikroorganismen bilden die **Normalflora** im Körper des Menschen und sind entscheidend an Stoffwechselprozessen beteiligt (z. B. Vitaminsynthese, Verdauung).
- Die Erreger zahlreicher **Infektionskrankheiten** sind Mikroorganismen.
- Beispiele für mikrobielle Infektionskrankheiten sind **Tuberkulose**, **Diphtherie**, **Pocken**, **Masern**, **Syphilis**, **Pest**, **Cholera**, **Denguefieber**, **Malaria**, **Hepatitis B** und **Aids** oder Darmerkrankungen durch **Salmonellen** oder pathogene Stämme von *Escherichia coli* (**ETEC** = enterotoxische, **EHEC** = enterohämorrhagische *E.-coli*-Stämme).
- Zur **Ausbreitung** der Erreger tragen z. B. Flugreisen und der weltweite Handel mit Lebensmitteln und Waren bei sowie ein unzureichender hygienischer Standard.

- Zur **Bekämpfung** ist besonders eine Versorgung mit sauberem Trinkwasser wichtig.
- Durch häufigen Gebrauch von **Antibiotika** haben die Erreger mittlerweile gegen viele Resistenzen gebildet.
- Viele Todesfälle könnten durch **Impfmaßnahmen** verhindert werden.
- In Deutschland gibt es zur gesetzlichen Regelung das **Bundesseuchengesetz**, in Zukunft ein **Infektionsschutzgesetz**.
- Die **medizinische Mikrobiologie** befasst sich mit der Erforschung von Infektionskrankheiten, der Identifizierung der Auslöser, deren Bekämpfung und möglichen Prophylaxemaßnahmen.

Nach Schätzung der Weltgesundheitsorganisation (WHO) sterben in den Entwicklungsländern jährlich 9 Millionen Kinder unter 5 Jahren an Infektionskrankheiten.

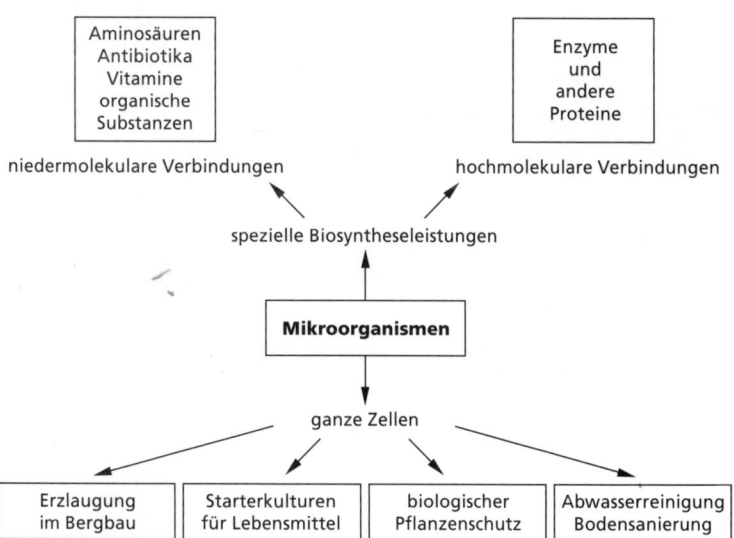

Abb. 1.1: Die Nutzung von Mikroorganismen in der Biotechnologie.

Nutzung von Mikroorganismen durch den Menschen

- Der Mensch macht sich die Fähigkeiten von Mikroorganismen auf vielerlei Weise für landwirtschaftliche und industrielle Prozesse zunutze (**Biotechnologie**, Abb. 1.1).
- Hierbei kommen vermehrt auch **gentechnische Methoden** zum Einsatz.
- Die längste Tradition hat die Herstellung von **Lebensmitteln** mithilfe von Mikroorganismen.
- Zu wichtigen medizinischen Produkten, an deren Produktion Mikroorganismen beteiligt sind, gehören z. B. **Antibiotika** (durch Schimmelpilze wie *Penicillium* oder Bakterien wie *Bacillus* oder *Streptomyces*), **Steroide**, **Insulin** und **Impfstoffe**.
- Viele industriell (etwa in der Waschmittel- oder Lebensmittelindustrie) genutzte **Enzyme** werden mithilfe von Mikroorganismen hergestellt.
- Im Umweltschutz nutzt man Mikroorganismen zum Abbau von Schadstoffen bei der **Abwasserreinigung** (die biologische Stufe einer **Kläranlage** besteht aus Mikroorganismen, die organische Verunreinigungen abbauen) und **Bodensanierung** (Abbau toxischer zu ungiftigen Substanzen).
- Die **mikrobielle Laugung** macht sich die Fähigkeit bestimmter *Thiobacillus*-Stämme zunutze, Erze oder Mineralien zu oxidieren, um reine Metalle zu erhalten.

Menschen nutzen Prokaryoten in Forschung und Biotechnologie

☐ *gelernt (Campbell S. 645)*

2. Prokaryotische und eukaryotische Zellen: Struktur und Funktion

2.1 Größe und Form der Zellen

Zellen sind die Basiseinheiten der Struktur und Funktion eines Lebewesens

(Campbell S. 6) gelernt ☐

- Man unterscheidet je nach Zellorganisation zwischen **eukaryotischen Zellen** und **prokaryotischen Zellen** (Abb. 2.1).
- In dem von Carl R. Woese in den Siebzigerjahren des 20. Jahrhunderts vorgeschlagenen **System der drei Domänen (Urreiche)** sind eukaryotische Zellen charakteristisch für die Domäne **Eukarya**, prokaryotische für die Domänen **Archaea** und **Bacteria**.

Pro- und Eukaryotenzellen unterscheiden sich in Größe und Komplexität

(Campbell S. 133) gelernt ☐

Zellgröße
- **minimale Größe**: festgelegt durch den Raum für das Genom sowie die Ausstattung für Fortpflanzung und Stoffwechsel
- **maximale Größe**: bestimmt durch das für den Stoffaustausch wichtige Verhältnis von Oberfläche und Volumen sowie die Transportwege innerhalb der Zelle
  - bei eukaryotischen Zellen Oberflächenvergrößerung durch inneres Membransystem und Cytoskelett aus Proteinfilamenten als Stütze und für den Transport innerhalb des Cytoplasmas
- **prokaryotische Zellen**: meist zwischen 0,3 und 10 µm (einzelne Bakterien bis 750 µm)
- **eukaryotische Zellen**: meist zwischen 5 µm und 1 mm (vereinzelt bis zu mehreren Metern)

tierische Zelle

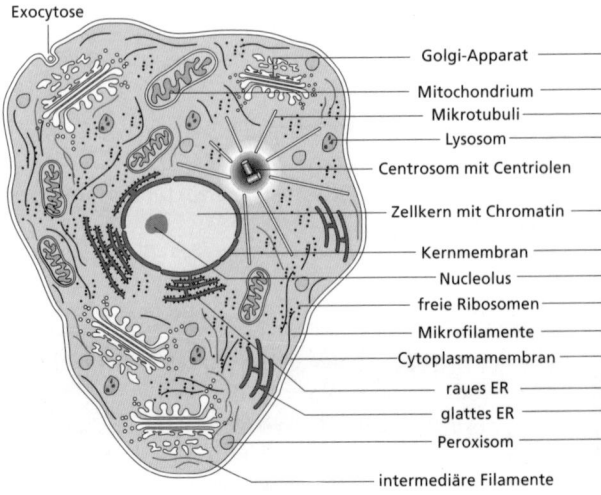

Exocytose

Golgi-Apparat
Mitochondrium
Mikrotubuli
Lysosom
Centrosom mit Centriolen
Zellkern mit Chromatin
Kernmembran
Nucleolus
freie Ribosomen
Mikrofilamente
Cytoplasmamembran
raues ER
glattes ER
Peroxisom
intermediäre Filamente

A

Bakterium

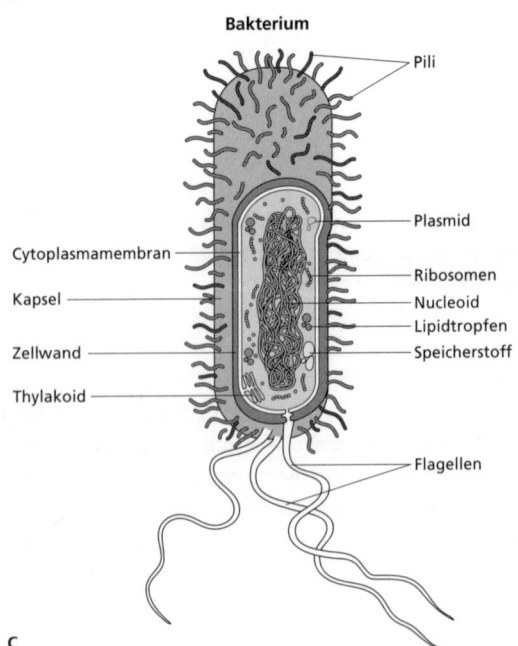

Pili

Cytoplasmamembran
Kapsel
Zellwand
Thylakoid

Plasmid
Ribosomen
Nucleoid
Lipidtropfen
Speicherstoff

Flagellen

C

Abb. 2.1: Vergleich der Struktur von eukaryotischen (A und B) und prokaryotischen (C) Zellen.

pflanzliche Zelle

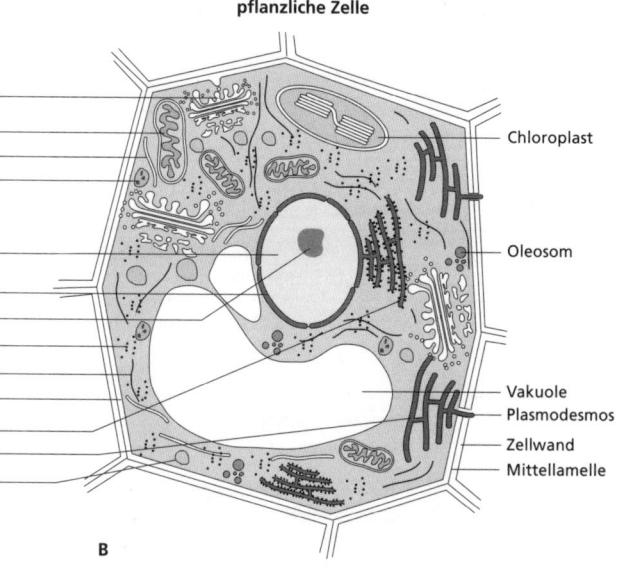

Chloroplast

Oleosom

Vakuole
Plasmodesmos
Zellwand
Mittellamelle

B

Die kleinsten frei lebenden Zellen findet man bei den zellwandlosen
Mycoplasmen mit einem Durchmesser von 0,2–0,3 μm. Ihr Genom
umfasst zwischen 500 und 1000 bp (zum Vergleich: *E. coli* 4700 bp).

Zellformen und -verbände

- Bakterienzellen: meist **kugelförmig (Kokken**, können auch nieren-
  förmig sein) oder **stäbchenförmig** (je nach Form Vibrionen, Spirillen,
  Spirochäten, Fusiforme, Coryneforme)
- bilden teilweise **Zellverbände** aus selbständigen Einzelorganismen
- Zellverbände von Kokken (bezeichnet nach Anordnung): Diplokokken,
  Tetrakokken, Streptokokken, Staphylokokken, Sarcinen
- **Trichome**: Einzelzellen des Verbandes stehen über Microplasmodes-
  men miteinander in Verbindung
- **Coenocytium**: kontinuierliches Cytoplasma ohne Septen von einem
  Nucleoid zum nächsten („vielkerniger" Organismus)

! Einige wichtige Unterschiede zwischen Prokaryoten und Eukaryoten:

Prokaryoten (Bacteria und Archaea)	Eukaryoten (Eukarya)
einzellig	ein- oder mehrzellig
kein echter Zellkern, kernähnliche Struktur (Nucleoid)	echter Zellkern (Nucleus) mit Membran (Kernhülle)
intrazelluläre Membranen selten	umfassendes inneres Membransystem (Kompartimentierung)
Membranen aus Etherlipiden (Archaea) oder Esterlipiden, Hopanoiden (Bacteria)	Membranen aus Esterlipiden, Sterolen
keine Organellen	Mitochondrien und (bei Pflanzen) Plastiden
Bewegung durch Flagellen, Flagellin	Bewegung durch Geißeln, Cilien oder Pseudopodien
70S-Ribosomen	80S-Ribosomen (70S in Mitochondrien und Plastiden)
Cycloheximid-Sensitivität	keine Cycloheximid-Sensitivität
Erythromycin-Sensitivität (nur Bacteria)	keine Erythromycin-Sensitivität
Zellteilung durch Septenbildung	Zellteilung durch Mitose
meist ein ringförmiges Chromosom	mehrere lineare Chromosomen
extrachromosomale DNA in Form von Plasmiden	Plasmide nur bei Pilzen, Plasmon in Mitochondrien und Plastiden (Pflanzen)
selten Introns	meist Introns vorhanden
keine Histone	Histone
haploid	diploid oder polyploid
Transkription und Translation erfolgen gleichzeitig	Transkription (im Zellkern) und Translation (im Cytoplasma) erfolgen getrennt
genetische Rekombination durch Konjugation oder ähnlichen Vorgang	genetische Rekombination durch Meiose und Syngamie
eine (Bacteria) oder mehrere (Archaea) RNA-Polymerasen	drei RNA-Polymerasen

2.2 Endosymbiontentheorie

Nach der Endosymbiontentheorie entstanden die **Organellen von Eukaryoten** (Mitochondrien und Chloroplasten) aus **frei lebenden Prokaryoten**, die als **Endosymbionten** in größere Prokaryoten aufgenommen wurden und sich in Koevolution mit der Wirtszelle zu den heutigen Organellen entwickelten (erstellt 1890 von Richard Altmann, angepasst an moderne Erkenntnisse 1970 von Lynn Margulis).

Für die Richtigkeit sprechen folgende Erkenntnisse:
a. *Genetisches System der Organellen*
  - Erbinformation für einige Komponenten der Organellen nicht im Zellkern gespeichert
  - Plastiden und Mitochondrien enthalten **eigene DNA ohne Histone**
  - **ringförmiges Genom** wie bei den meisten Prokaryoten, kaum repetitive DNA
b. *Translationsapparat*
  - **mRNA** und **Translation** ähneln der von Prokaryoten
  - mRNA ohne Cap-Struktur am 5'-Ende
  - Initiationsfaktoren der Translation wie bei Prokaryoten
c. *Struktur der Ribosomen* (s. u.)
  - **70S-Ribosomen** (aus 50S- und 30S-Untereinheit), wie sie für Prokaryoten typisch sind
  - daher wird die Proteinsynthese in Organellen durch Antibiotika gehemmt, die auch die von Bakterien angreifen (z. B. Streptomycin), Cycloheximid hemmt dagegen nur die 80S-Ribosomen im Cytoplasma
d. *Ähnlichkeit zu rezenten Symbiosen*
  - z. B. *Paramecium* und Alge *Chlorella*, deren Zusammenleben aber nicht zwingend erforderlich ist
  - eine Zwischenstellung zwischen Endosymbionten und echten Organellen nehmen die **Cyanellen** bei *Cyanophora* ein
e. *Doppelmembran der Organellen*
  - bei rezenten Endosymbiosen ist der Symbiont ebenfalls meist von zwei Membranen umgeben (**symbiontophore Vakuole** von *Cyanophora*)
f. *Zusammensetzung der inneren Membran*
  - innere Membran von Plastiden und Mitochondrien anders zusammengesetzt als die übrigen Zellmembranen
  - enthält für Prokaryoten typisches Cardiolipin, Sterole fehlen

g. *Fettsäure-Synthasesystem*
- bei Chloroplasten mit einzelnen Enzymuntereinheiten wie bei Prokaryoten, statt eukaryotischem Multienzymkomplex

h. *Verwandtschaft zu Prokaryoten*
- **Sequenzhomologien** ribosomaler RNA von Mitochondrien und Chloroplasten zu Prokaryoten (Purpurbakterien bzw. Cyanobakterien)

Ribosomen
- rRNA-Protein-Komplexe, an denen die Proteinsynthese stattfindet
- bestehen stets aus zwei Untereinheiten
- Eukaryoten: **80S-Ribosomen** (aus 60S- und 40S-Untereinheit)
- Prokaryoten: **70S-Ribosomen** (aus 50S- und 30S-Untereinheit)
- **Svedberg-Einheit (S)**: Sedimentationsgeschwindigkeit bei Ultrazentrifugation ($1S = 10^{-13}$ Sekunden)

Mittlerweile ist nachgewiesen, dass ein Großteil der genetischen Information aus den Organellen ins Wirtsgenom verlagert wurde. Man spricht bei einem solchen Gentransfer verschiedener Genome innerhalb einer Zelle von **intertaxonischer Kombination**.

Mitochondrien und Plastiden stammen von endosymbiontischen Bakterien ab

gelernt (Campbell S. 656)

- **Mitochondrien** leiten sich wahrscheinlich von phototrophen Purpurbakterien ab.
- **Chloroplasten** leiten sich wahrscheinlich von photosynthetischen Cyanobakterien ab.

 Hydogenosomentheorie
1998 von W. Martin und M. Müller erstellte Theorie zur Entstehung der eukaryotischen Mitochondrien durch Assoziation zwischen anaerobem, wasserstoffabhängigen Archaeon und einem fakultativ anaeroben Bakterium.

2.3 Zellmembranen

- Cytoplasma aller Zellen ist begrenzt von **Cytoplasmamembran**
- grundlegende Struktur dieser **Einheitsmembran** (*unit membrane*) ist bei allen Organismen gleich
- allerdings bei Eukaryoten und Prokaryoten (und auch bei Bacteria und Archaea) unterschiedliche Zusammensetzung
- bei Prokaryoten erfüllt die Cytoplasmamembran alle Funktionen, die bei Eukaryoten auf verschiedene Kompartimente verteilt sind

Aufbau der Einheitsmembran
- Lipiddoppelschicht (**Bilayer**) aus Lipidmolekülen mit polarem, hydrophilem Kopfteil (nach außen gerichtet) und lipophilem Schwanzteil (nach innen gerichtet)
- mit eingelagerten (integralen) oder angelagerten (peripheren) Proteinen (**Fluid-Mosaik-Modell**)
- bei vielen Eukarya **Sterole** zur Verstärkung der Struktur: Cholesterol (Tiere), Stigmasterol (Pflanzen), Ergosterol (Pilze und Flechten)
- bei vielen Bacteria sterolähnliche **Hopanoide**
- Phosphatidylethanoldiamin: Hauptlipid von *E. coli*
- bei Archaea einfache Schicht (**Lipid-Monolayer**) mit Kohlenwasserstoffen aus Isopreneinheiten

Unterschiede im Aufbau der Einheitsmembran:

Eukarya	**Esterlipide:** Glycerinlipide und Sphingolipide; enthalten neben gesättigten und einfach ungesättigten auch mehrfach ungesättigte Fettsäuren in Ester- bzw. Amidbindung sowie Sterole
Bacteria	**Esterlipide:** Glycerinlipide; enthalten gesättigte und einfach ungesättigte lange Fettsäuren in Esterbindung mit Glycerin und z. T. Hopanoide
Archaea	**Etherlipide:** aus langkettigen Kohlenwasserstoffen statt Fettsäuren (mit Isopren als Grundstruktur) in Etherbindung mit Glycerin

Inneres Membransystem

a. Eukaryoten:

- mit komplexem **inneren Membransystem**, das Kompartimente bildet
- **Kompartimente**: durch Membranen vom übrigen Cytoplasma abgetrennte Bereiche eukaryotischer Zellen
  - mit zwei Membranen: **Zellkern, Mitochondrien, Plastiden** (Pflanzen)
  - mit einer Membran: **Endoplasmatisches Reticulum, Golgi-Apparat, Lysosomen, Microbodies** (Glyoxisomen, Peroxisomen), **Vakuolen** (Pflanzen und Pilze; nur bei eukaryotischen Mikroorganismen: pulsierende Vakuole)

b. Prokaryoten:

- im Allgemeinen nicht durch Einheitsmembranen kompartimentiert
- **Periplasma**: Kompartiment zwischen Cytoplasmamembran und äußerer Membran bei gramnegativen Bakterien
- **Thylakoide** bei Phototrophen durch Einstülpung der Cytoplasmamembran ins Zellinnere (intracytoplasmatische Membranen)
- nicht von Einheitsmembranen umgebene Kompartimente bei Prokaryoten: **Chlorosomen, Gasvesikel, Carboxysomen, Magnetosomen**

Innere Membranen grenzen die Funktionen einer Eukaryotenzelle gegeneinander ab

☐ *gelernt (Campbell S. 135)*

2.4 Zellwände

!
- Form gebende äußere Zellhüllen von Pflanzen, Pilzen und Prokaryoten (nicht bei Tieren!)
- widerstehen dem starken Innendruck des Cytoplasmas (**Turgor**)
- enthalten gruppentypische **Polysaccharide**
- bei Pflanzen größtenteils aus **Cellulose**, bei Pilzen aus **Chitin** und bei Bakterien aus **Peptidoglykan**, bei Archaea recht unterschiedlich (Polysaccharide, Glykoproteine, Proteine, Pseudopeptidoglykan, S-Layer, Kapseln, Schleime)

Peptidoglykan

- bildet den so genannten **Mureinsacculus** der Bakterien
- besteht aus alternierenden N-Acetylgluscosamin- und N-Acetyl-muraminsäure-Einheiten, die β-1,4-glykosidisch miteinander verknüpft sind
- diese Bindung wird durch **Lysozym** gespalten

Fast alle Prokaryoten besitzen eine Zellwand außerhalb ihrer Plasmamembran

(Campbell S. 630) gelernt ☐

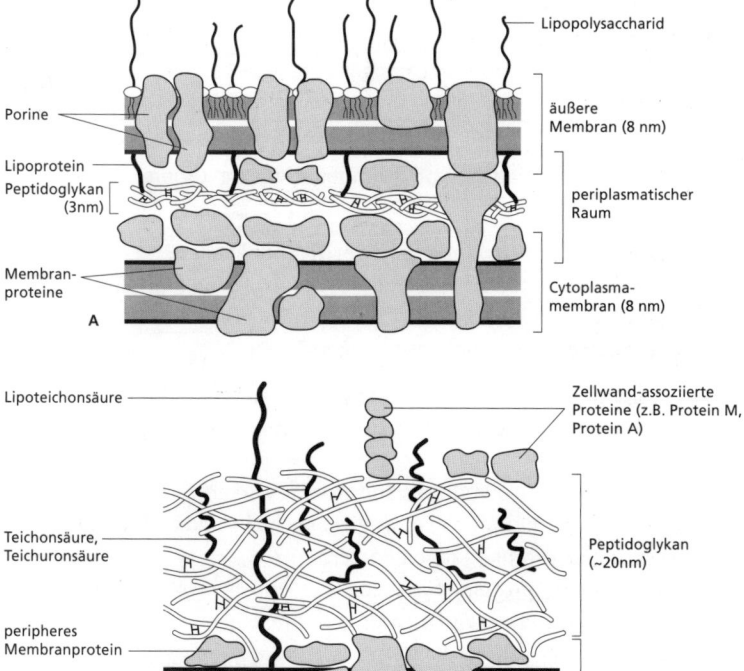

Abb. 2.2: Zellwandaufbau gramnegativer (A) und grampositiver (B) Bakterien.

Unterschiede der Zellwände von gramnegativen und grampositiven
Bakterien (Abb. 2.2):

gramnegative Bakterien	grampositive Bakterien
einschichtiger Mureinsacculus aus Peptidoglykan	**mehrschichtiger Mureinsacculus** aus Peptidoglykan mit Teichon- und Teichuronsäuren
asymmetrische **äußere Membran** aus **Phospholipiden** und **Lipopolysacchariden**; enthält **Porine**	**keine äußere Membran**; stattdessen oft noch **S-Layer** (Proteinstruktur, die der Zellwand aufgelagert ist)
Kompartiment zwischen Cytoplasmamembran und äußerer Membran = **Periplasma**; gefüllt mit gelartiger Substanz	wenn S-Layer vorhanden, ähnliches Kompartiment wie Periplasma der gramnegativen Bakterien

 Die Peptidoglykanschicht von grampositiven Bakterien kann bis zu
zehnmal dicker sein als die von gramnegativen Bakterien.

Charakteristisch für Zellwände grampositiver Bakterien:
- **Teichonsäuren**: saure Polysaccharide; Glycerol- und Ribitolreste über Phosphatester verknüpft
- **Teichuronsäuren**: Polymere aus Zuckersäuren

Charakteristisch für äußere Membran gramnegativer Bakterien:
- **Lipopolysaccharide (LPS)**: aus Lipoid A und hydrophilem Zuckeranteil
  - stellen Antigene dar, die als **Endotoxine** wirken
- **Lipoproteine**: verknüpfen Peptidoglykanschicht und äußere Membran bei vielen gramnegativen Bacteria
- **Porine**: Transportproteine für kleine wasserlösliche Moleküle, die das Periplasma mit der Außenwelt verbinden

Charakteristisch für Zellwände einiger Methan bildender Archaea:
- **Pseudopeptidoglykan**: aus alternierenden N-Acetylglucosamin- und N-Acetyltalosaminuronsäure-Einheiten, die β-1,3-glykosidisch miteinander verknüpft sind

Außer *Thermoplasma* besitzen alle Archaea eine Zellwand.

S-Layer
- parakristalline Proteinstruktur auf der Außenseite zahlreicher prokaryotischer Zellen
- häufigster Zellwandtyp bei Archaea
- bei vielen Bacteria der Zellwand aufgelagert (wahrscheinlich Schutzfunktion)
- meist einschichtig

2.5 Kapseln und Schleime

Manche Bakterien bilden als zusätzliche äußere Schicht **Exopolymere** (meist Polysaccharide) in Form von Kapseln oder Schleimen.
- **Kapseln**: fest an die Zelle angelagerte oder gebundene Exopolymere (meist Polysaccharide, selten Polypeptide bei einigen Archaea und *Bacillus*-Arten)
- **Schleime**: von der Zelle sezernierte Exopolysaccharide, die nicht fest an die Zelle gebunden sind
- **Glykokalyx**: außerhalb der Zelle liegende polysaccharidhaltige Schichten bei Prokaryoten (unterscheidet sich vom Glykokalyx tierischer Zellen)

Streptococcus pneumoniae, der Erreger der Lungenentzündung, ist durch seine Kapsel vor den Makrophagen des Immunsystems geschützt.

2.6 Zellanhänge und Bewegung

Viele Prokaryoten können sich gerichtet fortbewegen

(Campbell S. 631) gelernt ☐

Fortbewegung bei Mikroorganismen:

prokaryotische Mikroorganismen	eukaryotische Mikroorganismen
– eine oder mehrere **Flagellen** (**Bakteriengeißeln**) – **Axialfibrillen** (bei Spirochäten) – **Gleiten** mittels Schleimfilm auf festen Oberflächen – **Taxien** (Orientierungsbewegungen)	– **Geißeln** – **Cilien** (aufgebaut wie Geißeln, aber zahlreicher und kürzer) – **Pseudopodien** (amöboide Bewegung, bei Amöben und Schleimpilzen)

Artabhängige Begeißelungstypen von Bakterien:
- **atrich**: keine Flagellen, unbeweglich
- **monotrich**: je eine Flagelle
- **polytrich**: mehr als eine Flagelle, das heißt Flagellenbündel
  - **monopolar polytrich**: ein Flagellenbündel an einem Zellpol
  - **bipolar polytrich**: an jedem der beiden Zellpole ein Flagellenbündel
- **amphitrich**: je ein(e) Flagelle(nbündel) an jedem Zellpol (bipolar polytrich oder bipolar monotrich)
- **peritrich**: viele über die gesamte Oberfläche verteilte Flagellen

! Unterschied Prokaryotengeißel / Eukaryotengeißel:

Prokaryotengeißel (Flagellum)	Eukaryotengeißel
aufgebaut aus **Basalkörper (Basalapparat)**, **Haken** und **Filament** (aus dem helikal angeordneten Protein **Flagellin**) (Abb. 2.3)	aufgebaut aus **Mikrotubuli** (aus dem globulären Protein **Tubulin**) im 9+2-Muster
Antrieb durch **Protonengradient** über der Cytoplasmamembran	Antrieb durch **Spaltung von ATP** durch Mikrotubuli
rotierende Bewegung	**peitschen- oder wellenförmige** Bewegung

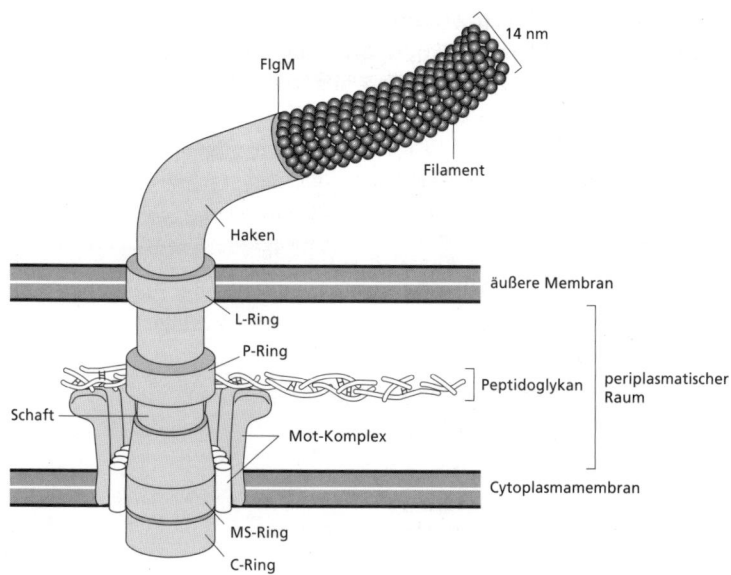

Abb. 2.3: Schematischer Aufbau einer Prokaryotengeißel am Beispiel des Flagellums eines gramnegativen Bakteriums. Das Filament, bestehend aus Flagellin, ist über den Haken mit dem Basalkörper verbunden, der aus vier Ringen besteht.

Basalkörper der Flagellen
- Verankerung des Filaments zusammen mit dem Haken in der Zellmembran
- bei gramnegativen Bakterien vier ringförmige Komponenten: M- (Membran) und S-Ring (Supramembran) sind in der Cytoplasmamembran verankert, der P-Ring im Peptidoglykan, der L-Ring (LPS) in der äußeren Membran
- bei grampositiven Bakterien nur M-, S- und P-Ring
- M- und S-Ring sind umgeben von C-Ring (Cytoplasma)

Taxien
- durch einen Reiz ausgelöste Orientierungsbewegungen frei beweglicher Zellen
- je nach auslösendem Reiz (der anziehend oder abstoßend sein kann) unterscheidet man bei Prokaryoten **Chemotaxis**, **Phototaxis**, **Aerotaxis**, **Magnetotaxis**
- anziehende Reize: **Attraktantien**
- abstoßende Reize: **Repellantien**

Cilien und Geißeln von Eukaryoten
- aufgebaut aus **Mikrotubuli** nach dem **9+2-Prinzip**: 1 zentrales Mikrotubuluspaar und 9 periphere aus komplettem A- und inkomplettem B-Tubulus
- Cilien der Ciliophora in Längsreihen (**Kineten**) angeordnet und durch **kinetodesmale Fibrillen** verbunden

Cytoskelett
- Struktur im Cytoplasma von Eukaryotenzellen
- Aufbau: **Mikrotubuli, Mikrofilamente** (aus Actin oder Actin und Myosin) und **Intermediärfilamente** (nur bei mehrzelligen Tieren außer Arthropoden)
- Aufgaben: Erhalt der Struktur, Bewegung ganzer Zellen, intrazellulärer Transport, Cytokinese

Das Cytoskelett dient als Stützstruktur und wirkt an den Bewegungen der Zelle mit

☐ *gelernt (Campbell S.148)*

Weitere Zellanhänge bei Bakterien:
- **Pili**: dienen der Adhäsion gramnegativer Bakterien bei der Konjugation, z. B. F-Pili (Sex-Pili)
- **Fimbrien**: dienen der Adhäsion von Bakterienzellen an Oberflächen oder Wirtszellen
- beide sind hohle, röhrenförmige Strukturen aus Pilinen (Proteinen)

2.7 Zelldifferenzierung

Bei manchen Bakterien finden sich unterschiedlich differenzierte Zelltypen.

Dauerzellen
- werden gebildet als Reaktion auf ungünstige Umweltbedingungen (Hitze, Austrocknung), um diese zu überstehen
- **Endosporen** einiger grampositiver Bakterien, gebildet durch Endocytose-ähnlichen Prozess
- **Exosporen (Conidien)** einiger fädiger Actinomyceten, gebildet durch Fragmentierung oder Abschnürung der Hyphen
- **Cysten** einiger Bodenbakterien, gebildet durch Umbildung der gesamten Zelle; hoher Gehalt an Poly-β-hydroxybutyrat

Endosporen

- enthalten in ihrer mehrschichtigen Hülle **Calciumdipicolinat**
- sind **resistent** gegen Hitze, Austrocknung, Radioaktivität, physikalischen und chemischen Stress (z. B. extremen pH-Wert)
- erfordern erweiterten Sterilisationsprozess
- ruhender Stoffwechsel

Das Ruhestadium kann sehr lange dauern. Die ältesten lebensfähigen Sporen wurden aus dem Magen einer Biene isoliert, die in 25–40 Millionen Jahre altem Bernstein eingeschlossen war.

Heterocysten

- differenzierte Zellen, die der Stickstofffixierung bei trichombildenden Cyanobakterien dienen
- enthalten das gegenüber Sauerstoff empfindliche Enzym **Nitrogenase**
- gebildete Stickstoffverbindungen werden durch **Microplasmodesmen** in benachbarte vegetative Zellen transportiert

Bakteroide

- der Stickstofffixierung dienende Endosymbionten in den Wurzelknöllchen von Leguminosen
- entstehen im Verlauf der Symbiose zwischen bestimmten Pflanzen und Bodenbakterien

Myxosporen

- unter ungünstigen Wachstumsbedingungen gebildete ruhende Zellen von Myxobakterien
- entstehen bei Fruchtkörperbildung durch Umwandlung der gesamten lebenden Zellen
- keimen unter günstigen Bedingungen wieder zu vegetativen Zellen aus
- bei *Stigmatella* Sporen in Sporangiolen

Stiel- und Schwärmerzellen

- nebeneinander existierende funktionell verschiedene Zelltypen im Lebenszyklus bei *Caulobacter*
- **Stielzellen:** sesshaft, fungieren als Mutterzellen der Schwärmerzellen
- **Schwärmerzellen:** beweglich, können sich in Stielzellen umwandeln

2.8 Genetisches System

Das **Genom** ist die Gesamtheit der genetischen Information einer Zelle, bestehend aus **chromosomaler** und **extrachromosomaler DNA**.

In Zellaufbau und Genomorganisation unterscheiden sich die Prokaryoten fundamental von den Eukaryoten

☐ gelernt (Campbell S.632)

! Unterschiede des Genoms von Eukaryoten und Prokaryoten:

Eukaryoten	Prokaryoten
Gene oft durch **Introns** (nicht codierende Sequenzen) unterbrochen	nur **selten Introns** vorhanden
Umsetzung eines Gens in eine **monocistronische** mRNA	Umsetzung mehrerer Gene in **polycistronische** mRNA
echter **Zellkern** (**Nucleus**) vorhanden, umgeben von einer **Kernhülle** aus zwei Einheitsmembranen	statt Zellkern als Kernäquivalent **Nucleoid**; DNA darin nicht durch Membran vom Cytoplasma abgegrenzt
Nucleolus vorhanden (Ort der rRNA-Synthese)	**kein Nucleolus**
Zellkern enthält DNA in Form von **Chromatin** bzw. **Chromosomen** (je nach Phase des Zellzyklus)	DNA ebenfalls in **Chromosomen** (meist nur eines)
Histone: mit der DNA assoziierte basische Proteine	DNA mit **Histon-ähnlichen Proteinen** (Bacteria) oder mit **Histon-verwandten Proteinen** (Archaea) assoziiert
extrachromosomale DNA in Mitochondrien und Chloroplasten, bei Hefen auch in Plasmiden	**extrachromosomale DNA** in Plasmiden und Viren (lysogenen Bakteriophagen)

Introns
- nicht codierende Sequenzen der DNA von Eukaryoten
- werden nach der Translation durch **Spleißen** aus der mRNA herausgeschnitten
- bei Prokaryoten nur selten vorhanden, werden anders entfernt als bei Eukaryoten

---

Prokaryoten können mRNA noch während ihrer Synthese translatieren, während Eukaryoten die DNA im Zellkern in mRNA transkribieren und diese anschließend ins Cytoplasma transportieren, wo die Translation stattfindet (**räumliche** und **zeitliche** Trennung).

Zellkern (Nucleus)
- in den meisten eukaryotischen Zellen nur einmal vorhandenes Kompartiment
- Ausnahme: Ciliophora mit zwei Zellkernen: diploider **Mikronucleus** und polyploider **Makronucleus**
- **Kernhülle**: aus Ausläufern des Endoplasmatischen Reticulums gebildete innere und äußere Kernmembran
- innere Kernmembran umgibt das **Nucleoplasma**: Chromatin und Nucleoli
- **Kernlamina**: Netzwerk aus Intermediärfilamenten im Nucleus, steht außen mit Kernmembran in Verbindung
- **Nucleolus**: Ort der rRNA-Synthese innerhalb des Nucleus
- **NOR** (Nucleolus organisierende Regionen): DNA-Regionen, die rRNA codieren

Nucleoid
- Kernäquivalent der Prokaryoten
- DNA-Bereich nicht durch Membran vom Cytoplasma abgegrenzt
- DNA in schleifenartigen Strukturen

Chromosomen   **!**
- **Eukarya**: kondensierte Transportform von Chromatin in der Mitose
- **Bacteria**: DNA in dicht gepackten Schleifen, meist nur ein Chromosom
  - Grundstruktur wird durch **„scaffold"-Proteine** aufrechterhalten
  - Assoziation mit **Histon-ähnlichen Proteinen**
- **Archaea**: DNA in Nucleosom-ähnlicher Struktur
  - Assoziation mit **Histon-verwandten Proteinen**

Charakteristisch für eukaryotische Chromosomen:
- **Chromatin**: Komplex aus DNA, Proteinen und RNA zwischen den Zellteilungen (Interphase)
- **Histone**: DNA-bindende basische Proteine im Zellkern von Eukaryoten
  - fünf Haupttypen: H1, H2A, H2B, H3, H4
- **Nucleosom**: perlenschnurartige Organisationseinheit des Chromatins
  - Komplex aus acht Histonen (Oktamer), um den ein DNA-Faden (146 bp lang) gewunden ist

Superhelix (Superspirale)
- verschiedene Strukturzustände geschlossener DNA-Ringe durch unterschiedlich starke Torsion um die Helix-Achse (Aufrechterhaltung der kompakten Struktur)
- Torsion in Richtung der Windungen der DNA-Helix (**positive Superspirale**) oder entgegengesetzt (**negative Superspirale**)
- **Topoisomere**: DNA-Ringe gleicher Größe und Basensequenz in unterschiedlichen Torsionszuständen

Extrachromosomale Elemente
- Eukaryoten: DNA in Mitochondrien und Chloroplasten, bei Hefen zusätzlich Plasmide
- Prokaryoten: DNA von Plasmiden und nicht integrierten lysogenen Bakteriophagen

3. Systematik und Phylogenie der Mikroorganismen

Wichtige grundlegende Begriffe:
- **Systematik**: hierarchische Ordnung der Lebewesen in geschachtelte Taxa, meist anhand morphologischer Merkmale
- **Taxonomie**: Beschreibung und Klassifizierung der Artenvielfalt nach bestimmten Gesichtspunkten
- **Taxon**: Klassifizierungseinheit im System der Natur, z. B. Art, Gattung, Familie, Ordnung, Klasse, Abteilung, Reich
- **Nomenklatur**: Namensgebung für die Taxa; bei Mikroorganismen wie allgemein in der Biologie die **binäre Nomenklatur** aus Gattungs- und Artnamen nach Carl von Linné
- **Phylogenie**: Stammesgeschichtliche Entwicklung der Lebewesen
  - Einordnung von Organismen in Stammbäume nach Verwandtschaft anhand genotypischer Merkmale
- **Phänotyp**: Gesamtheit der äußerlichen Eigenschaften eines Lebewesens
- **Genotyp**: Gesamtheit der Erbanlagen eines Lebewesens

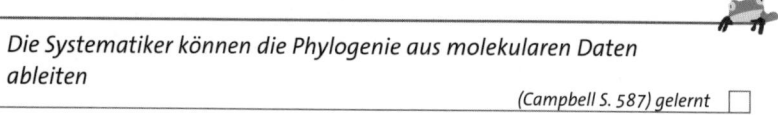

Die Taxonomie wendet ein hierarchisches Klassifizierungssystem an

(Campbell S. 581) gelernt ☐

3.1 Klassifizierung von Prokaryoten

Die Systematiker können die Phylogenie aus molekularen Daten ableiten

(Campbell S. 587) gelernt ☐

> **!**
> - erfolgt eher nach physiologischen als nach morphologischen Merkmalen, da diese nicht ausreichen
> - Beispiele für **physiologische Merkmale**: Stoffwechselwege und -produkte, verwendete Energiesubstrate, Sauerstoffbedarf (aerob, anaerob, fakultativ)
> - Beispiele für **morphologische Merkmale**: Form der Zellen, typische Zusammenlagerungen, Zahl und Anordnung von Geißeln, Art der Bewegung, Dauerformen, Färbetechniken wie Gramfärbung, Kapselbildung
> - zusätzlich **physikalische Faktoren**, die das Wachstum beeinflussen
> - zusätzlich **molekulare Daten**, z. B. durch charakteristische Enzyme, immunologische Methoden, GC-Gehalt der DNA (Anteil von Guanin/Cytosin), Sequenzierungsmethoden wie DNA:DNA-Hybridisierung (Ähnlichkeit der Basensequenzen)

a. *Konventionelle Taxonomie*
- mithilfe eines **dichotomen Bestimmungsschlüssels**: Bestimmungstabelle (Merkmalskatalog) für die systematische Einordnung von Lebewesen, die sich auf jeder Stufe in zwei mögliche Wege verzweigt
- erfordert Reinkultur eines Isolats
- Feinheiten der Struktur nur elektronenmikroskopisch sichtbar
- **„Bunte Reihen"**: Testreihen mit unterschiedlichen Farbreaktionen zur Unterscheidung nach physiologischen Kriterien (z. B. zur Identifizierung von Darmbakterien)

b. *Molekulare Taxonomie*
- ist hoch spezifisch
- erfordert keine Kultivierung der Mikroorganismen – es lassen sich also auch Organismen einordnen, deren Kultivierung bisher noch nicht gelungen ist
- ist auch von Bedeutung für die Diagnostik von Infektionskrankheiten
- immunologische Methoden:
  - Bestimmung durch Antigenspezifität mithilfe von **Immun-Diagnostika**
  - besonders exakte Ergebnisse durch **monoklonale Antikörper**, die nur mit einem speziellen Antigen reagieren

- GC-Gehalt der DNA:
  - Anteil von Guanin und Cytosin am Gesamtgehalt aller vier Basen in der DNA
  - zwischen G und C drei Wasserstoffbrücken, zwischen A und T zwei
  - DNA mit hohem GC-Gehalt wird daher erst bei höherer Temperatur denaturiert
  - Erstellen einer **Schmelzkurve**: Darstellung der Absorption einer DNA bei 260 nm als Funktion der Temperatur
  - **Schmelzpunkt**: Temperatur, bei dem die Absorption durch Denaturierung ansteigt = Maß für den GC-Gehalt der DNA
  - **hyperchromer Shift**: Absorption doppelsträngiger DNA bei 260 nm deutlich geringer als von einzelsträngiger
- Hybridisierung:
  - künstliche Bildung eines Doppelstranges aus zwei Nuclein-säure-Einzelsträngen verschiedener Mikroorganismen
  - Möglichkeiten: DNA:DNA-Hybridisierung, DNA:RNA-Hybridisierung, RNA:DNA-Hybridisierung
  - nur komplementäre Basenpaare bilden Wasserstoffbrücken aus
  - **Hybridisierungsrate**: Rate der Doppelstrangausbildung zweier Einzelstränge
  - Ausmaß der Hybridisierung = Maß für Ähnlichkeit der Basensequenz

3.2 Phylogenie der Prokaryoten

- **Evolution**: Entwicklung der Lebewesen aus ihren Vorfahren und Entstehung neuer Arten
- aufgrund von **Mutationen** treten Veränderungen auf
- durch **Selektion** setzen sich die am besten angepassten Organismen durch

Das Fünf-Reiche-System spiegelte das zunehmende Wissen über die Diversität des Lebens wider

(Campbell S. 621) gelernt ☐

Das Einteilen der Organismen in Reiche ist noch nicht abgeschlossen

☐ *gelernt (Campbell S. 621)*

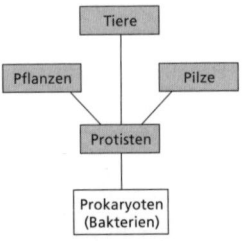

Abb. 3.1: Klassifizierung der Organismen im Fünf-Reiche-System.

! Modelle für die Einteilung der Organismen:

Fünf-Reiche-System	Drei-Urreiche-System
Einteilung nach **phänotypischen Merkmalen**	Einteilung nach **Analysen der 16S-rRNA**
– **1 prokaryotisches Reich**	– **2 prokaryotische Urreiche (Domänen)**
– **4 eukaryotische Reiche**	– **1 eukaryotische Entwicklungslinie**
Prokaryoten (Bakterien) **Protisten** (alle einzelligen Eukaryoten) **Pflanzen** **Pilze** **Tiere**	**Archaea** **Bacteria** **Eukarya**

!
- Im **Fünf-Reiche-System** (Abb. 3.1) lassen sich nicht alle Organismen eindeutig einordnen.
- Anhand von Sequenzanalysen der rRNA wurde von Carl Woese das **Drei-Urreiche-System** (Abb. 3.2) erstellt.

Die molekulare Systematik führt zu einer phylogenetischen Klassifizierung der Prokaryoten

(Campbell S. 637, vgl. auch Abbildung 27.13, S. 638) gelernt ☐

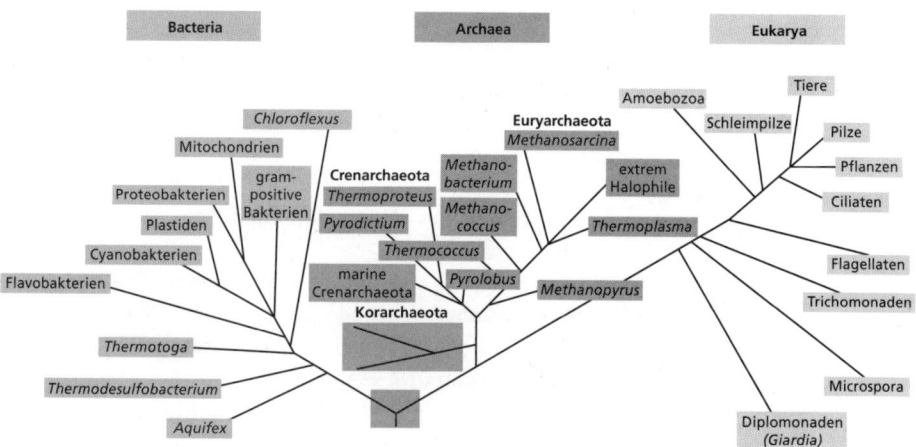

Abb. 3.2: Stammbaum des Lebens, erstellt anhand von Sequenzanalysen der 16S- bzw. 18S-rRNA.

Phylogenetischer Stammbaum

- graphische Darstellung der **stammesgeschichtlichen Beziehungen** zwischen verschiedenen Organismen
- basiert auf **Analysen der 16S-rRNA** bzw. **18S-rRNA** (oder SSU-rRNA für *small subunit*)
- für detaillierte Stammbäume Dendrogramm, für Übersicht Fächerform

Sequenzierung der ribosomalen RNA

- Methode zur Erstellung eines phylogenetischen Stammbaums
- **Ribosomen:** aus zwei Untereinheiten bestehende rRNA-Protein-Komplexe; Orte der Proteinsynthese
- S-Wert (**Svedberg-Einheit**) bezeichnet Sedimentationsgeschwindigkeit bei Ultrazentrifugation

Ribosomen von Prokaryoten	Ribosomen von Eukaryoten
70S-Ribosomen	80S-Ribosomen
50S- und 30S-Untereinheit	60S- und 40S-Untereinheit
rRNA: 5S; 16S; 23S	rRNA: 5S; 5,8S; 18S; 28S

- **Sequenzierung**: Bestimmung der Basensequenz einer Nucleinsäure
- die **Basensequenz** der rRNA war im Lauf der Evolution immer wieder Mutationen ausgesetzt
- **Sequenzanalyse** der 16S-RNA (Prokaryoten) und 18S-rRNA (Eukaryoten) zur Erstellung des phylogenetischen Stammbaums mittels Sequenzierungsautomaten
- Methoden zur Sequenzierung von Nucleinsäuren: **Sanger-Methode** (für 16S-RNA), **Maxam-Gilbert-Methode** (Zerlegung der DNA in Bruchstücke, die sequenziert werden), **PCR (Polymerasekettenreaktion**, Vervielfachung von DNA-Fragmenten)
- **Sequenzierungsautomaten** aus Elektrophoreseapparatur, Laser und Computer ermöglichen mehrere Zehntausend Basenidentifizierungen pro Gellauf
- **Annotation**: Bearbeitung der Sequenzierungsdaten mit speziellen Computerprogrammen (Algorithmen) und Einordnung in Datenbanken, die über das Internet abgerufen werden können
- **Algorithmus**: nach vorgegebenem Schema ablaufender Rechenvorgang

Die Erforschung der Verwandtschaftsverhältnisse zwischen den drei Domänen erhellt die ältesten Verzweigungen im Stammbaum des Lebens.

☐ *gelernt (Campbell S. 659)*

❗ Eindeutige phänotypische Unterschiede der drei Unterreiche:
- nur die **Zellwand** der **Bacteria** enthält **Peptidoglykan**
- **Lipide** nur bei den **Archaea** mit **Etherbindung**, ansonsten **Esterbindung**
- **Bacteria** mit einer **RNA-Polymerase**, Archaea und Eukarya mit mehreren
- Unterschiede in der **Proteinbiosynthese**

Stammbaumerstellung
- **Unterschiede in der Basensequenz** (aufgrund von Mutationen) dienen als Maß für evolutionäre Distanz
- **evolutionäre Distanz**: Maß für den Zeitpunkt der stammesgeschichtlichen Auftrennung der Entwicklungslinien zweier Organismen
  - Ermittlung durch den Anteil nicht homologer Sequenzen
- **gruppenspezifische Sequenzen**: identische Basensequenzen der rRNA aller Mitglieder innerhalb eines Taxons
- Analyse der 16S-rRNA ergab Verwandtschaft der Mitochondrien und Chloroplasten mit Bakterien → stützt Endosymbiontenhypothese
- Archaea hiernach enger mit den Eukarya verwandt als mit den Bacteria

Die Einzigartigkeit der RNA-Polymerase der Bacteria macht man sich z. B. bei der Behandlung von Krankheiten mit **RNA-Polymerase-Hemmern** zunutze. Auch die Wirkung von **Proteinsynthese-Hemmern** beschränkt sich oft auf eine Gruppe (Erythromycin wirkt nur auf Bacteria, Cycloheximid nur auf Eukarya).

3.3 Hauptgruppen der Prokaryoten

Bacteria und Archaea bilden die beiden Hauptzweige der prokaryotischen Evolution

(Campbell S. 628) gelernt ☐

3.3.1 Bacteria

Die meisten bekannten Prokaryoten gehören zu den Bacteria

(Campbell S. 642) gelernt ☐

Die früher auch als Eubakterien bezeichneten Bacteria lassen sich anhand von Sequenzanalysen in **14 phylogenetische Hauptlinien** einteilen.

*Eine alternative Unterteilung in **fünf monophyletische Großgruppen** – Proteobakterien (mit fünf Untergruppen), Chlamydien, Spirochäten, Gram-positive Bakterien und Cyanobakterien – bietet Tabelle 27.3 in Campbells Biologie.*

☐ *gelernt (Campbell S. 640)*

Anhand morphologischer oder physiologischer Merkmale werden Bakterien in verschienene taxonomische Hauptgruppen klassifiziert:

Hyperthermophile Bacteria

- Wachstumsoptimum bei extremen Temperaturen (80–85 °C)
- Beispiele: *Aquifex* (chemolithotroph, mikroaerophil), *Thermotoga* (chemoorganotroph, anaerob)
- älteste Entwicklungslinie der Bacteria

Phototrophe Bacteria

- Energiegewinn durch **Photosynthese** (anoxygen oder oxygen)
- unterschiedliche **photosynthetische Membransysteme**
- besitzen **Carotinoide**

Unterscheidung von zwei Gruppen:
a. *Purpurbakterien* (schwefelfreie und Schwefel-Purpurbakterien) *Grüne Bakterien* (Grüne Schwefelbakterien, schwefelfreie Grüne Bakterien) *Heliobakterien*
  - betreiben **anoxygene Photosynthese** (keine O_2-Bildung)
  - besitzen **ein Photosystem** und **Bakteriochlorophylle** als Photopigmente
  - als photosynthetische Membranen **Lamellen** oder **Vesikel** (Purpurbakterien), **Chlorosomen** (umhüllt von *nonunit membrane*, Grüne Bakterien) oder **Cytoplasmamembran** (Heliobakterien)
  - CO_2-Fixierung über **Calvin-Zyklus** (Purpurbakterien), **reversen Citratzyklus** (Grüne Schwefelbakterien) oder **Hydroxyproprionat-Weg** (schwefelfreie Grüne Bakterien)
  - schwefelfreie Grüne Bakterien auch als *Chloroflexus*-Gruppe bezeichnet
b. *Cyanobakterien*
  - besitzen **zwei Photosysteme** sowie **Chlorophyll a** und **Phycobiline** als akzessorische Pigmente in Phycobilosomen

- betreiben **oxygene Photosynthese** (bilden O_2)
- sind morphologisch sehr vielgestaltig: einzellige mit und ohne **Koloniebildung**, verzweigte und unverzweigte **Filamente, Heterocystenbildung**
- bilden oft starke **Neurotoxine**

Chemolithotrophe Bacteria

- Energiegewinn durch Oxidation anorganischer Substrate
- Einteilung in Gruppen nach verwendetem Energiesubstrat

a. *Nitrifizierer*
- oxidieren reduzierte Stickstoffverbindungen
- **Ammoniakoxidierer** (*Nitrosomonas*) oxidieren Ammoniumionen (NH_4^+) zu Nitrit (NO_2^-)
- **Nitritoxidierer** (*Nitrobacter*) oxidieren Nitrit zu Nitrat (NO_3^-)
- wichtig für den Stickstoffkreislauf
- durch **Nitrifikation** starke Ansäuerung des Bodens mit Salpetersäure
- gehören phylogenetisch zu Purpurbakterien

b. *Schwefeloxidierer*
- oxidieren reduzierte Schwefelverbindungen (Sulfid H_2S, Schwefel S^0, Thiosulfat $S_2O_3^{2-}$) zu Sulfat (SO_4^{2-})

c. *Eisenoxidierer*
- oxidieren zweiwertiges Eisen (Fe^{2+}) zu dreiwertigem Eisen (Fe^{3+})
- *Thiobacillus ferrooxidans* kann Schwefel und Eisen reduzieren

d. *Wasserstoffoxidierer*
- oxidieren molekularen Wasserstoff (H_2) mit Sauerstoff (O_2) zu Wasser (H_2O)
- auch als **Knallgasbakterien** bezeichnet
- benötigen alle Nickel als Cofaktor für das Wasserstoff bindende Enzym **Hydrogenase**

Methanotrophe und methylotrophe Bacteria

- Energiegewinn durch Oxidation von C_1-Verbindungen
- gehören phylogenetisch zu Purpurbakterien

a. *Methanotrophe*
- obligat aerob, oxidieren nur C_1-Verbindungen (auch Methan, CH_4)
- besitzen internes Membransystem und Sterole

b. *Methylotrophe*
- aerob oder anaerob, einige oxidieren auch Verbindungen mit mehr als einem C-Atom

Sulfat und Schwefel reduzierende Bacteria

- Energiegewinn durch Reduktion von Sulfat bzw. Schwefel mit Wasserstoff zu H_2S (**dissimilatorische Sulfatreduktion**)
- entstehender Schwefelwasserstoff kann zu Vergiftungen oder Korrosionen führen
- strikt anaerob

Bakterien mit charakteristischen physiologischen Eigenschaften

- in der Regel entstehen typische Endprodukte

a. Essigsäurebakterien
- oxidieren aerob Alkohole zu organischen Säuren (Ethanol mit Sauerstoff zu Essigsäure)
- **Überoxidierer** (*Azetobacter*) besitzen vollständigen, **Unteroxidierer** *Gluconobacter*) unvollständigen Citratzyklus
- zur Essigherstellung verwendet
- gehören zu Purpurbakterien

b. Milchsäurebakterien
- vergären anaerob Zucker zu Milchsäure
- **Homofermentative** bilden nur Milchsäure, oxidieren Glucose über die Glykolyse
- **Heterofermentative** bilden neben Milchsäure auch Ethanol und CO_2, oxidieren Glucose über Phosphoketolase-Weg
- zur Lebensmittelherstellung genutzt (z. B. *Lactobacillus* für Sauermilchprodukte)
- gehören zu den Grampositiven Bakterien

c. Propionsäurebakterien
- bilden anaerob aus Milchsäure und anderen Substraten Propionsäure
- *Propionobacterium*-Arten leben im Pansen von Wiederkäuern
- zur Herstellung von Emmentaler Käse verwendet

d. Ethanolbildner
- vergären Glucose zu Ethanol
- *Zymomonas* oxidiert Glucose über Entner-Doudoroff-Weg zu Pyruvat
- in den Tropen zur Herstellung alkoholischer Getränke genutzt

e. Stickstofffixierer
- frei lebende oder symbiontische Bakterien, die Luftstickstoff (N_2) in NH_4^+ umwandeln
- teils Ausbildung spezialisierter Zellen für die N_2-Fixierung (**Heterocysten**) zum Schutz der Nitrogenase vor O_2

- besitzen charakteristischen, sehr sauerstoffempfindlichen Enzymkomplex: **Nitrogenase-Komplex** (mit Eisen und Molybdän als Cofaktoren)
- manche in Symbiose mit Leguminosen (in Wurzelknöllchen): symbiontische N_2-Fixierung

f. Pseudomonaden
- bewegliche Bakterien, nur respiratorischer (Atmung), kein fermentativer (Gärung) Energiegewinn
- Oxidation von Glucose über Entner-Doudoroff-Weg

Enterobakterien

- gramnegative fakultative Bakterien, pathogene und apathogene Arten
- **Krankheitserreger:** z. B. *Shigella* (Shigellenruhr), *Salmonella* (Typhus, Brechdurchfall), *Yersinia pestis* (Pest), *Proteus* (Harnwegsinfekte)
- viele gehören zur **Darmflora** (z. B. *Escherichia coli*)
- **gemischte Säuregärung** (*mixed acid fermentation*): Vergärung von Glucose zu Säuren (z. B. *E. coli*)
- **Butandiol-Fermentation:** Vergärung von Glucose zum Alkohol Butandiol (z. B. *Enterobacter*)

Bakterien mit besonderen morphologischen Eigenschaften

a. Sporenbildner
- grampositive Bakterien, die bei ungünstigen Wachstumsbedingungen **Sporen** als Dauerstadien bilden
- aerobe (z. B. *Bacillus*) und anaerobe (z. B. *Clostridium*) Arten

b. Spirochäten
- eigene Entwicklungslinie mit unregelmäßiger Spiralform und **Axialfilament** zur Fortbewegung
- teils pathogen, z. B. *Borellia* (Borreliose), *Treponema* (Syphilis)

c. Spirillen
- gramnegative spiralige Bakterien mit polarer Begeißelung

d. Vibrionen
- gramnegative, meist gekrümmte Stäbchen mit polarer Begeißelung
- teils pathogen, z. B. *Vibrio cholerae* (Cholera)

Unter den Vibrionen gibt es **Leuchtbakterien**, die das Enzym **Luciferase** besitzen und teils in speziellen Leuchtorganen in Gemeinschaft mit Meeresfischen leben.

e. Mycoplasmen
- sehr kleine Bakterien, ohne Zellwand (besitzen kein Peptidoglykan)
- einige besitzen **Sterole** in der Cytoplasmamembran

f. Filamentöse Actinomyceten
- grampositive Bakterien, die wie Pilze als verzweigte Mycelien wachsen
- *Streptomyces*-Arten zur Herstellung von Antibiotika verwendet

g. Coryneforme Bakterien
- grampositive, unbewegliche aerobe Bakterien mit Keulenform
- teils pathogen, z. B. *Corynebacterium diphtheriae* (Diphtherie)

h. Mykobakterien
- sehr langsam wachsende Bakterien, deren Zellwand spezielle Lipide enthält
- teils pathogen, z. B. *Mycobacterium tuberculosis* (Tuberkulose), *M. leprae* (Lepra)

i. Grampositive Kokken
- kugelige Bakterien, die charakteristische Zusammenlagerungen bilden: Ketten (**Streptokokken**) oder Trauben (**Staphylokokken**)
- teils pathogen, z. B. *Streptococcus* (Scharlach)
- *Deinococcus* sehr resistent gegenüber radioaktiver Strahlung

j. Neisserien
- Gramnegative Kokken, oft eher stäbchenförmig
- teils pathogen, z. B. *Neisseria meningitis* (Menignitis), *N. gonorrhoeae* (Gonorrhö)

k. Gestielte und knospende Bakterien
- unsymmetrische Zellteilung: an Mutterzelle entsteht Tochterzelle, z. B. *Caulobacter*

l. Gleitende Bakterien
- gramnegative, unbegeißelte Bakterien mit speziellen Fortbewegungsmechanismen

m. Scheidenbakterien
- leben als Gemeinschaft von Einzelzellen in röhrenförmigen Hüllen

Obligat parasitische Bakterien
- kleine Bakterien, die nur innerhalb von Wirtszellen lebensfähig sind

a. Rickettsien
- besitzen Peptidoglykan
- pathogen, Übertragung durch blutsaugende Insekten, z. B. *Rickettsia prowazeki* (Fleckfieber)

Sequenzanalysen deuten auf eine enge Verwandtschaft der
Rickettsien mit *Agrobacterium tumefaciens* hin, das Tumoren
bei Pflanzen auslöst – möglicherweise haben sie sich aus
pflanzenpathogenen Vorläufern entwickelt.

b. Chlamydien

* besitzen kein Peptidoglykan, eigenständige phylogenetische Linie
* pathogen, z. B. *Chlamydia pneumoniae* (Atemwegsinfektionen)

3.3.2 Archaea

*Wissenschaftler finden eine große Vielfalt von Archaea in extremen
Lebensräumen und in den Ozeanen*

(Campbell S. 639) gelernt ☐

Die früher auch als Archaebakterien bezeichneten Archaea lassen
sich in **drei phylogenetische Hauptlinien** einteilen: Korarchaeota,
Crenarchaeota, Euryarchaeota.

Anhand physiologischer Merkmale werden die Archaea in folgende
taxonomische Hauptgruppen eingeteilt:

Hyperthermophile Archaea

* meist anaerob, mit extrem hoher optimaler Wachstumstemperatur
  (> 80 °C, teils >100 °C)
* Vorkommen in Thermalquellen und heißen Meeresströmungen an
  hydrothermalen Schloten
* Proteine mit spezieller Sekundär- und Tertiärstruktur zum Schutz vor
  Denaturierung durch Hitze

Die als **Extremozyme** bezeichneten Enzyme dieser Gruppe wirken
bei sehr hohen Temperaturen und sind daher von industriellem
Interesse.

Extrem halophile Archaea

* meist aerob, hoher Salzbedarf (9–32 % – Meerwasser: 2,7 %)
* auch als **Halobakterien** bezeichnet
* Vorkommen in Salz- und Sodaseen, Totes Meer, Salinen

- manche Arten zusätzlich **alkaliphil** (pH-Optimum ca. 10)
- brauchen Natriumionen zur Stabilisierung der Zellwand
- **Kalium-Akkumulation** in der Zelle verhindert, dass Wasser nach außen strömt
- bei Sauerstoffmangel Produktion des Licht absorbierenden Pigments **Bakteriorhodopsin** zur lichtabhängigen ATP-Synthese

Methanogene Archaea

- strikt anaerob
- einzige Prokaryoten, die zur **Methanogenese** (Bildung von Methan, meist aus CO_2 und H_2) fähig sind
- benötigen **Nickel** für verschiedene an der Methanbildung beteiligte Komponenten
- Vorkommen in Faultürmen, anaeroben Sümpfen und symbiontisch im Verdauungstrakt von Wiederkäuern und anderen Tieren (z. B. Termiten)

 Der größte Teil des weltweit entstehenden **Methangases** stammt von methanogenen Archaea, welche die Fermentationsprodukte im Pansen von Wiederkäuern zu Methan reduzieren, das durch Aufstoßen abgegeben wird.

Thermoplasma-Gruppe

- aerobe, acidophile und thermophile Prokaryoten ohne Zellwand
- Cytoplasmamembran durch spezielle Lipopolysaccharide (**Lipoglykane**) stabilisiert
- Vorkommen auf Abraumhalden

4. Viren

> - sehr **kleine infektiöse Partikel aus DNA oder RNA** (nie beide zusammen) mit Proteinhülle und teilweise Lipiden
> - **Vermehrung nur in lebenden Wirtszellen** unter Verwendung des zellulären Syntheseapparats
> - **kein eigener Stoffwechsel** → obligate intrazelluläre Parasiten
> - **Viruspartikel** überleben außerhalb der Zelle und transportieren das Genom in die Wirtszellen

Beim Studium einer Pflanzenkrankheit entdeckten Forscher die Viren

(Campbell S. 386) gelernt ☐

4.1 Größe und Struktur von Viren

- größtes Virus: **Pockenvirus** (400 × 240 × 200 nm)
- kleinstes Virus: **Parvovirus** (Durchmesser 24 nm)

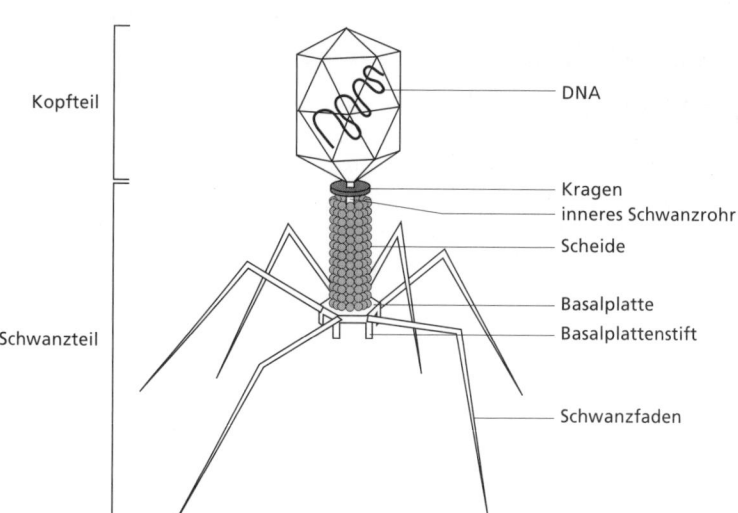

Abb. 4.1: Aufbau eines Viruspartikels am Beispiel des Phagen T4.

Morphologie (Abb. 4.1)
- Form der Partikel durch die **Proteinhülle (Capsid)** bestimmt, die das virale Genom umgibt
- die Einheit aus viralem Genom und Capsid nennt man **Nucleocapsid**
- **Spikes**: integrale Glykoproteine, die aus der viralen Oberfläche ragen

Man kann folgende morphologische Typen unterscheiden:
- Viren mit **helikaler Symmetrie** (z. B. Tabakmosaikvirus)
- Viren mit **ikosaedrischer Symmetrie** (z. B. Poliovirus)
- **umhüllte Viren**: Capsid von Phospholipid-Doppelschicht umgeben, oft mit Spikes
- **komplexe Viren** (z. B. Pockenviren, Bakteriophagen)

Ein Virus ist ein Genom in einer schützenden Proteinhülle

☐ *gelernt (Campbell S. 386)*

4.2 Genomtypen und Virusgruppen

- Viruspartikel sind **haploid** (Ausnahme: diploide Retroviren)
- das genomische Material ist **DNA oder RNA** und kann als **Einzel- oder Doppelstrang** vorliegen
- entsprechend Unterscheidung von **DNA-Viren** und **RNA-Viren**
- **Genomgröße** zwischen 3,5 und 250 Kilobasen

 Bei den Viren mit dem kleinsten Genom (RNA-Phagen) codieren die Gene nur für vier Proteine, bei Viren mit großem Genom (z. B. Pockenviren) für 200–300 Proteine.

4.2.1 DNA-Viren

a. *Viren mit einzelsträngiger DNA (ssDNA)*
- linear oder zirkulär mit kovalent gebundenen Enden
- z. B. kleine DNA-Phagen, Parvovirus

b. *Viren mit doppelsträngiger DNA (dsDNA)*
- linear oder zirkulär
- z. B. große DNA-Phagen (T-Phagen, λ, Herpesvirus, Pockenvirus, Papillomavirus, Hepatitis-B-Virus)

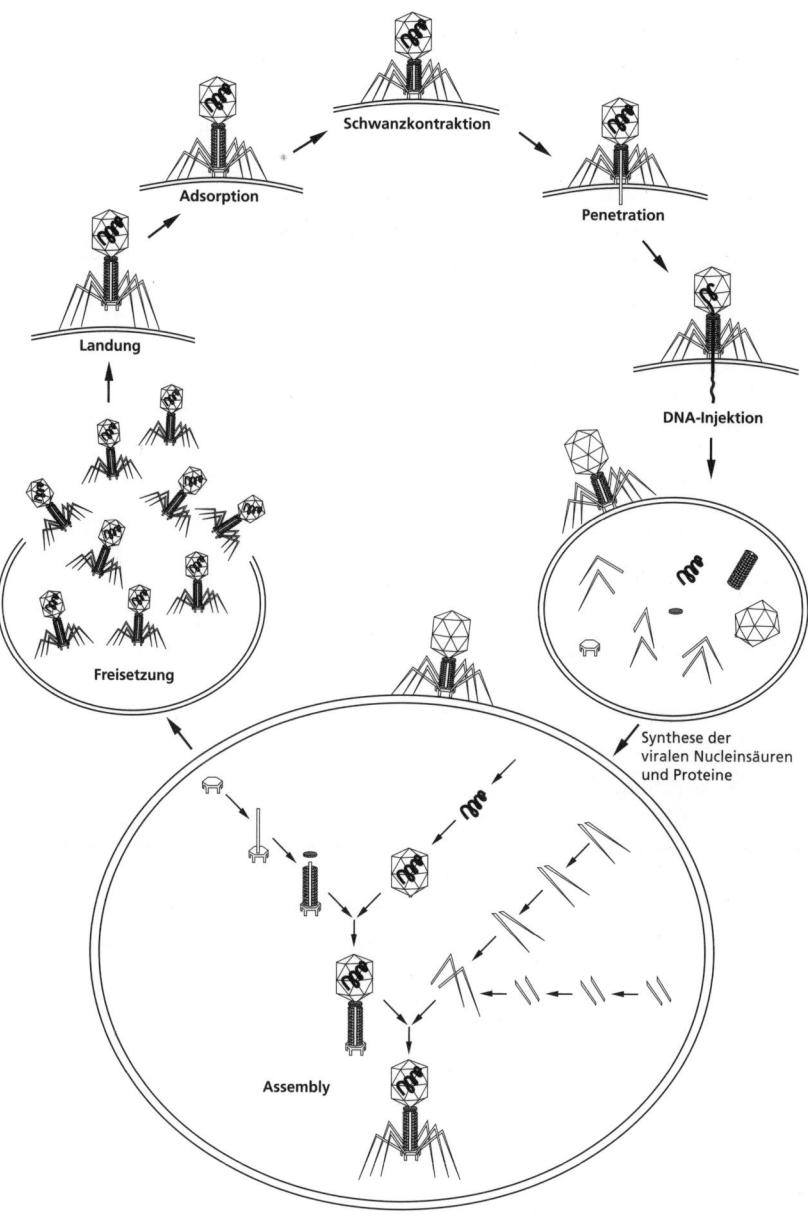

Abb. 4.2: Vermehrungszyklus eines DNA-Virus am Beispiel eines DNA-Phagen.

> **!** **Lytischer Vermehrungszyklus eines DNA-Phagen** (Abb. 4.2)
> - **Adsorption**: Anheftung an Rezeptoren der Zellwand der Wirtszelle
>   über Rezeptoren
> - **Penetration**: Durchdringen der Bakterienzellwand mit dem
>   Schwanzrohr und **Injektion** der DNA ins Cytoplasma
> - **Synthese** der viralen Nucleinsäure und Proteine in der Wirtszelle
>   (durch völlige Umstellung von deren Stoffwechsel)
> - **Assembly**: Zusammenbau des viralen Genoms und der Struktur-
>   proteine zum Viruspartikel
> - **Freisetzung** unter Lyse der Zelle durch **Lysozym**

Viren können sich nur in einer Wirtszelle vermehren

☐ *gelernt (Campbell S. 388)*

 Die Kinetik der Virenvermehrung unterscheidet sich vom exponen-
tiellen Wachstum bei Bakterien, da Viren nicht durch Teilung, sondern durch Zusammenbau verschiedener Komponenten entstehen.

4.2.2 RNA-Viren

a. Viren mit einzelsträngiger RNA (ssRNA)
- meist linear
- z. B. *E. coli*-RNA-Phagen, Tabakmosaikvirus (TMV), Poliovirus, Influenzaviren, HIV
- **Plus-Strang-RNA-Viren**: infektiöse RNA mit positiver Polarität
  – dient in der Zelle direkt als mRNA für die Translation
- **Minus-Strang-RNA-Viren**: nicht infektiöse RNA mit negativer Polarität
  – ist komplementär zur mRNA und muss erst transkribiert werden

b. Viren mit doppelsträngiger RNA (dsRNA)
- z. B. Reovirus, Rotavirus
- bei doppelsträngigen RNA-Viren – und bei manchen einzelsträngi-
  gen (z. B. Influenzaviren) – sind die Gene auf verschiedene RNA-
  Segmente verteilt (**segmentiertes Genom**)

> **$** **Influenzaviren** sind umhüllte Viren, die man aufgrund ihrer typspezifi-
> schen Antigene in die Gruppen A, B und C einteilt. Die **antigene Varia-
> bilität** ist die Hauptsache dafür, dass ständig neue Formen der **Grip-
> pe** auftreten, die nicht durch Impfung kontrolliert werden können.

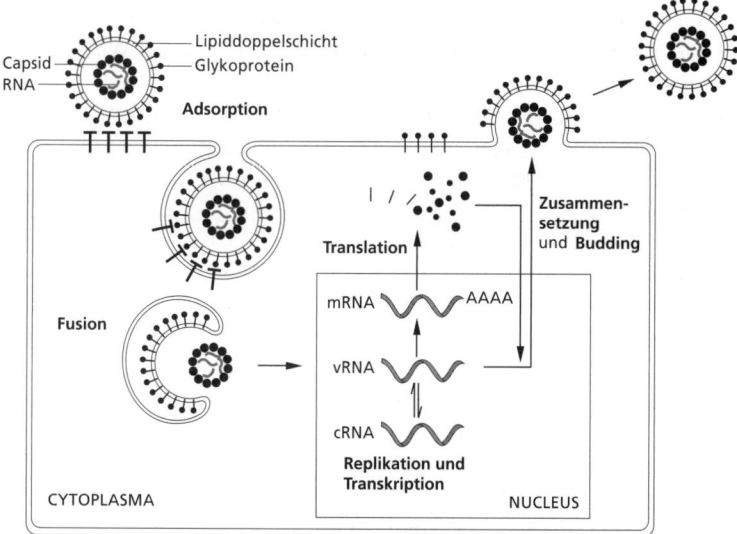

Abb. 4.3: Replikationszyklus eines RNA-Virus am Beispiel von Influenzaviren.

Replikation eines umhüllten Virus (Influenzavirus) (Abb. 4.3)

- **Adsorption** an Wirtszelle
- **Fusion** der Virushülle mit der Plasmamembran der Zelle
- **Transport** des viralen Genoms zum Zellkern
- **Replikation** der Viren-RNA über cRNA
- **Transkription** von mRNA
- **Translation** der mRNA
- **Zusammensetzung** und **Budding** der Viruspartikel

4.2.3 Retroviren

- **einzelsträngige RNA** mit positiver Polarität
- RNA im Gegensatz zu der von Plus-Strang-Viren **nicht infektiös**
- bei Infektion mit Retroviren dient die RNA als Matrize für DNA
- viruseigene **Reverse Transkriptase**: kopiert virale RNA in einzelsträngige DNA, baut vRNA ab und synthetisiert komplementären DNA-Strang
- **Provirus**: in die chromosomale DNA integrierte Viren-DNA

💲 Beispiel: **HIV** (humanes Immundefizienz-Virus) – Erreger der Immun-
schwächekrankheit **Aids**. Die HIV-Infektion lässt sich in vier Phasen
einteilen: akute Infektion, asymptomatische Phase, symptomatische
Phase, Endstadium = Aids. Bis jetzt ist keine Heilung möglich, nur
Verlangsamung des Verlaufs. Impfungen sind aufgrund der zahlreichen neu entstehenden Antigen-varianten problematisch.

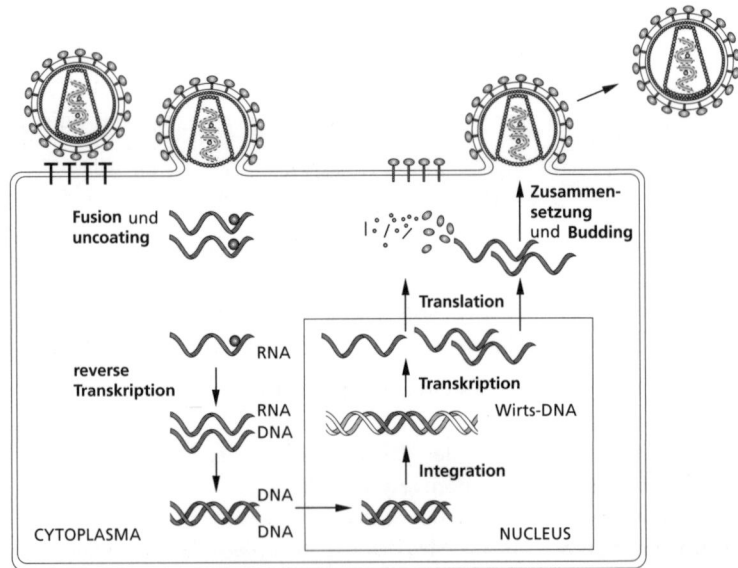

Abb. 4.4: Replikationszyklus eines Retrovirus am Beispiel von HIV.

Replikationszyklus von Retroviren (Abb. 4.4)
- **Bindung** an Wirtszelle über zelluläre Rezeptoren
- **Fusion** der Virushülle mit der Membran der Wirtszelle
- **Auflösung** des Capsids (*uncoating*)
- **Reverse Transkription** der viralen RNA zu komplementärer einzel-
strängiger DNA durch viruseigenes Enzym
- **Synthese** des komplementären DNA-Stranges
- **Transport** der doppelsträngigen DNA zum Nucleus
- **Integration**: Einbau des Doppelstranges in die Wirts-DNA
- Verbleib als **Provirus** (s. o.) oder **Transkription** der vDNA in mRNA
- **Translation**
- **Zusammensetzung** und **Budding**

*Tierische Viren zeigen vielfältige Infektions- und Replikationsmecha-
nismen*
(Campbell S. 390) gelernt ☐

4.3 Viroide und Prionen

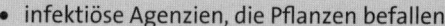

*Viroide und Prionen sind infektiöse Partikel und noch einfacher gebaut
als Viren*
(Campbell S. 397) gelernt ☐

> **Viroide**   **!**
> - infektiöse Agenzien, die Pflanzen befallen
> - bestehen **nur aus nackter RNA** ohne Proteinhülle
> - entdeckt bei Spindelknollenkrankheit von Kartoffeln
>
> **Prionen**
> - **infektiöse Proteinform**
> - Bildung: durch Gestaltumwandlung aus normalem zellulärem
>   Protein
> - Vermehrung: wandeln normale Proteine bei Kontakt in Prionen um
> - entdeckt bei **Scrapie**-Krankheit von Schafen
> - Auslöser von **Creutzfeld-Jakob-Krankheit, BSE**

Hypothesen zur molekularen Struktur des „Scrapie-verursachenden
Agens":
- **Prionen-Hypothese**: Prion-Protein allein bzw. abnorme Form davon
  ist infektiöses Agens
- **Virino-Hypothese**: neben wirtscodiertem Protein noch informations-
  tragendes Nucleinsäuremolekül an Infektion beteiligt
- **Virus-Hypothese**: das Agens besteht aus einem größeren Genom und
  einem Nucleinsäure bindenden Protein (konventionelle Virusstruktur)

4.4 Typen von Virusinfektionen

Die Sterberate bei einer Infektion mit dem **Pockenvirus** beträgt
20–30 %. Durch das gezielte Impfprogramm der WHO gelten **Pocken**
seit 1978 als weltweit ausgerottet.

Man unterscheidet grundsätzlich zwischen **symptomatischen** und **asymptomatischen** Infektionen.

- **stark lokalisierte Infektionen**: z. B. Papillomavirus; bei Pflanzen: lokale Läsionen
- **auf bestimmten Bereich beschränkte Infektionen**: z. B. Influenzavirus, Tollwutvirus
- **generalisierte (systemische) Infektionen**:
  - Ausbreitung der Viren bei Menschen und Tieren über Blut oder Lymphwege, z. B. Pockenvirus, Maul- und Klauenseuche-Virus
  - Ausbreitung bei Pflanzen über Plasmodesmen und Leitbündelsystem, z. B. Tabakmosaikvirus

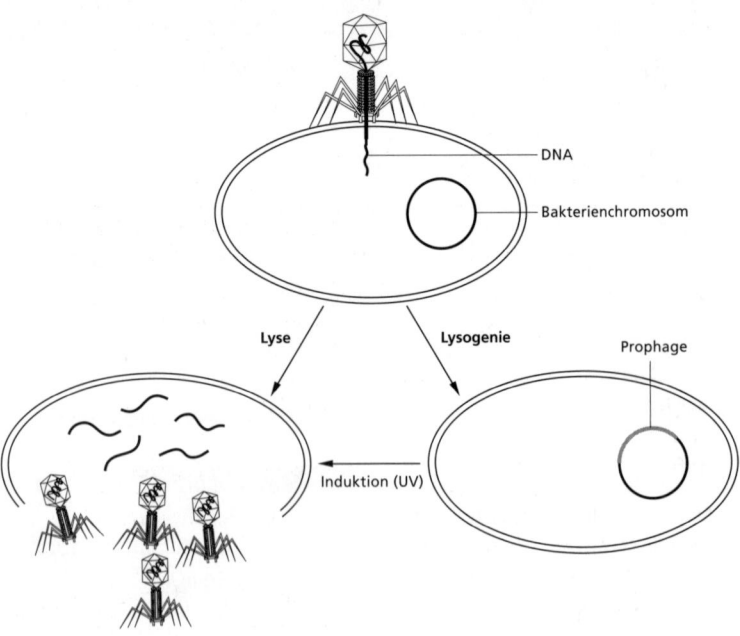

Abb. 4.5: Lytische und lysogene Vermehrung von Bakteriophagen.

Infektionstypen bei Bakteriophagen (Abb. 4.5): **!**

a. *Lytische Infektion*
  * Zerstörung (**Lyse**) der Wirtszelle nach Vermehrung der Phagen
  * durch **virulente Phagen** wie T-Phagen

b. *Lysogene Infektion*
  * Integration der Viren-DNA in Bakteriengenom (**Prophage**), keine Anzeichen für Infektion
  * durch **temperente Phagen** wie λ, Epsilon
  * durch äußere Einflüsse (z. B. UV-Strahlen) kann Phage ausgegliedert werden, und es kommt zur Lyse

Phagen vermehren sich durch lytische oder lysogene Zyklen

(Campbell S. 389) gelernt ☐

4.5 Nachweismethoden für Viren

Nachweis	Methoden
Anzahl der Viruspartikel (ohne Berücksichtigung der Infektiosität)	Elektronenmikroskop Hämagglutinationstest
nur Anzahl infektiöser Viruspartikel (Infektiositätstests)	Plaque-Test Endpunkttitration Läsionstest (für Planzenviren)
Nachweis kleinster DNA-Mengen	Polymerasekettenreaktion (PCR)
Bestimmung von Viren oder Virusproteinen	immunologische Nachweisverfahren (mit Antiseren oder Antikörpern)

  * **Letale** oder **infektöse Dosis** (**LD**$_{50}$ bzw. **ID**$_{50}$): Verdünnung bei einer Verdünnungsreihe, bei der 50 % der Wirtszellen infiziert wurden

5. Pilze

- eukaryotische Mikroorganismen in > 69 000 bekannten Arten (geschätzte Artenzahl: 1,5 Millionen)
- wurden lange Zeit zu den Pflanzen gezählt
- weit verbreitet in den unterschiedlichsten Lebensräumen
- morphologisch sehr vielgestaltig
- Fruchtkörper höherer Pilze aus **Hyphengeflecht (Plektenchym)**
- Ernährung als Zersetzer, symbiontisch oder parasitisch

Manche Pilze sind mikroskopisch klein (Zellen der Bäckerhefe 5–6 µm), andere mehrere Zentimeter groß (Fruchtkörper von Speise- und Giftpilzen). Die Fruchtkörper bestehen aber nicht aus echtem Gewebe, sondern aus **Pilzfäden** von wenigen Mikrometern Durchmesser.

Bedeutung für den Menschen:
- **Lebensmittelherstellung** (Käse, Brot, Kefir, Bier, Reiswein)
- Produktion von **Antibiotika** (z. B. Penicillin), Enzymen, Citronensäure
- **Pathogene** (z. B. *Candida*)
- **Ernteschädlinge** (z. B. Rostpilze)
- **Modellorganismen** für die Forschung (z. B. *Neurospora crassa*)

5.1 Aufbau der Pilzzelle

Durch ihre große Oberfläche und das rasche Wachstum sind Chitinpilze bestens an eine absorptive Lebensweise angepasst

☐ gelernt (Campbell S. 733)

Pilzzellen sind von einer festen Zellwand umgeben und kommen als **!**
Einzelzellen oder Pilzfäden (Hyphen) vor.

Zellwand
- besteht v. a. aus **Chitin**, daneben weitere Polysaccharide und Proteine
- häufig Melanin eingelagert

Einzelzellen
- Vermehrung durch **Knospung** (Sprosshefe) oder **Zweiteilung** (Spalthefe)

Hyphen
- fadenförmige Zellen, die nur an der Spitze wachsen
- oftmals unterteilt durch **Septen** in **Hyphenkompartimente**
- Septen mit zentralem **Porus**, der durch einen Propfen (**Woronin-Körperchen**) verschlossen ist
- Hyphen bilden ein netzartiges **Mycel**

Weitere Merkmale und Besonderheiten von Pilzzellen:
- DNA in **Chromosomen** im Zellkern
- Chromosomenzahl variiert stark, Chromosomensatz **haploid** oder **diploid**
- Mitose erfolgt im Zellkern
- viele Pilze mit **Syncytium**: Zellen mit mehreren Zellkernen
- **Heterokaryon**: Zellkompartiment mit Zellkernen aus verschiedenen Individuen
  - entsteht durch Fusion von Hyphen verschiedener Individuen ohne Kernverschmelzung
- **Dikaryon**: Hyphenkompartiment bei Basidiomyceten, in dem dauerhaft zwei genetisch unterschiedliche Zellkerne vorhanden sind
  - definierte Verteilung der Zellkerne wird durch **Schnallenbildung** bei der Zellteilung gesichert (Abb. 5.1)
- **Monokaryon**: Kompartiment mit genetisch identischen Zellkernen
- **Organellen**: Mitochondrien, ER, Golgi-Apparat, Peroxisomen, Vakuole
- **Cytoskelett** aus Actin- und Tubulinfilamenten

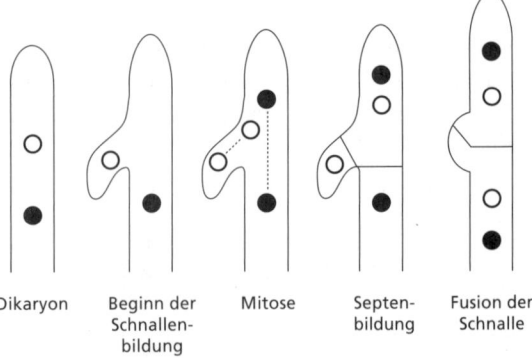

| Dikaryon | Beginn der Schnallen- bildung | Mitose | Septen- bildung | Fusion der Schnalle |

Abb. 5.1: Schematische Darstellung der Schnallenbildung bei der Zellteilung eines Basidiomyceten.

Viele Chitinpilze weisen ein heterokaryotisches Stadium auf

☐ *gelernt (Campbell S. 734)*

5.2 Systematik der Pilze

 Die **Verwandtschaftsbeziehungen** der Pilze sind umstritten – nach molekularen Methoden (18s-RNA-Analyse) sind sie näher mit Tieren verwandt als mit Pflanzen, zu denen sie früher gezählt wurden.

Unterteilung der **Chitinpilze (Mycobionta)** in vier Großgruppen:

5.2.1 Chytridiomycota (Flagellatenpilze, Chytridien)

- meist einzellig
- Fortpflanzung: **asexuell** durch **Zoosporen**, **sexuell** durch **Gameten**
- leben meist **saprophytisch** in feuchten Lebensräumen
- bilden häufig **Exoenzyme**

Abteilung Chytridiomycota: Flagellatenpilze liefern möglicherweise Anhaltspunkte für die Entstehung der Chitinpilze

☐ *gelernt (Campbell S. 735)*

5.2.2 Zygomycota (Jochpilze)

- überwiegend fädig, Hyphen meist nicht septiert
- Fortpflanzung: **asexuell** durch **Sporen in Sporangien, sexuell** durch Fusion von speziellen Hyphen (**Gametangien**) zur **Zygospore**
- leben **saprophytisch** im Boden, auf Dung oder in Gemeinschaft mit Pflanzen

Abteilung Zygomycota: Jochpilze bilden bei der sexuellen Fortpflanzung widerstandsfähige Strukturen

(Campbell S. 736) gelernt ☐

5.2.3 Ascomycota (Schlauchpilze)

- einzellig oder fädig
- Fortpflanzung: **asexuell** und **sexuell** durch **Sporenbildung** in schlauchartigen Zellen (**Asci**, Singular **Ascus**)
- leben im Boden und flüssigen Habitaten, auch pathogene Arten
- z. B. Bäckerhefe, Trüffel

Abteilung Ascomycota: Schlauchpilze produzieren ihre Sporen in schlauchähnlichen Asci

(Campbell S. 736) gelernt ☐

5.2.4 Basidiomycota (Ständerpilze)

- meist Hyphenbildung
- Fortpflanzung: **asexuell** und **sexuell** durch **Sporenbildung** an einem Ständer (**Basidie**)
- viele Speise- und Giftpilze, daneben pathogene Arten und Ernteschädlinge

Abteilung Basidiomycota: Ständerpilze zeichnen sich durch ein langlebiges, dikaryotisches Mycel aus

(Campbell S. 738) gelernt ☐

Bei den oft als eigene Gruppe aufgefassten **Deuteromycota** handelt es sich um eine ältere Bezeichnung für alle Pilze **ohne sexuelle Fortpflanzung**. Viele davon wurden durch molekulare Methoden als Ascomyceten identifiziert.

5.3 Stoffwechsel der Pilze

Chitinpilze ernähren sich durch Absorption und können daher als Zersetzer, Parasiten oder Symbionten leben

☐ *gelernt (Campbell S. 732)*

 Pilze leben als:
- **Saprophyten (Saprotrophe)**: bauen totes organisches Material ab
- **Parasiten**: auf Kosten eines anderen lebenden Wirtsorganismus
- **Symbionten**: in Gemeinschaft mit anderen Lebewesen zu beiderseitigem Nutzen (**Mutualismus**)

 Es gibt sogar „räuberische" Pilze, die mit Hilfe spezieller **Fanghyphen** (mit kontraktilen Ringen) „Fallen stellen", damit Nematoden (Fadenwürmer) erbeuten, mit ihren Hyphen in diese eindringen und sie verdauen.

- Sauerstoffbedarf: meiste Arten **aerob**, manche auch **anaerob** (z. B. **alkoholische Gärung** durch Bäckerhefe)
- Energiequellen: **Kohlenhydrate**, **Fette** oder **Aminosäuren**
- Umsetzung: **Glykolyse, oxidativer Pentosephosphatweg, Citratzyklus, Atmungskette**
- Reservestoffe: **Glykogen** (wie Tiere!), **Lipide, Trehalose**
- Produktion von **Exoenzymen** zum Abbau komplexer Substanzen
- **Braunfäulepilze**: bauen v. a. Cellulose ab
- **Weißfäulepilze**: bauen v. a. Lignin ab
- neben Primärstoffwechsel (Energiegewinn, Aufbau von Zellmasse) auch **Sekundärstoffwechsel**, dabei z. B. Bildung von
  - **Antibiotika** wie Penicillin (durch *Penicillium*) und Cephalosporin (durch *Acremonium*)
  - von **Aflatoxinen** (durch Schimmelpilze, kanzerogene Wirkung)
  - von **Pilzgiften** höherer Pilze (z. B. Amanitine des Knollenblätterpilzes)

In der **Molekularbiologie** dienen Pilze oft als **Modellorganismen** für Eukaryoten, an denen grundlegende Prozesse erforscht werden; z. B. die Bäckerhefe *Saccharomyces cerevisiae* oder der Schimmelpilz *Aspergillus nidulans.*

5.4 Wuchsformen

Man unterscheidet zwei Wuchsformen: **Hefen** (einzellig) und **Hyphen** (filamentöses Wachstum). Mehr als 99 % der Pilze bilden Hyphen.

5.4.1 Hefen

- zunächst **isotropes Wachstum**: gleichmäßige Volumenzunahme der Einzelzelle
- danach **anisotropes Wachstum**: Entstehung von Tochterzellen durch Knospenbildung an der Mutterzelle
- an der Stelle, an der die Tochterzelle gebildet wird, bleibt **Narbe** zurück
- **Sprosshefen**: bilden Tochterzellen durch **Knospung (Sprossung)** an der Mutterzelle
- **Spalthefen**: bilden Tochterzellen durch **Zweiteilung** der Mutterzelle in Tochterzellen
- kommen v. a. auf Fruchtoberflächen vor

5.4.2 Hyphen (filamentöse Pilze)

- typische Bodenbewohner, bedecken teils riesige Flächen
- Wachstum durch kontinuierliche **Verlängerung der Hyphenspitze**
- durch Verzweigungen Ausbreitung des Hyphengeflechts (**Mycels**) in alle Richtungen
- **Spitzenkörper**: Anhäufung von **Vesikeln** an der Spitze wachsender Hyphen; enthalten Zellwandvorstufen und Enzyme
- **Organellenwanderung**: Vesikel wandern zur Hyphenspitze und verschmelzen mit der Cytoplasmamembran; auch Zellkerne, Mito- chondrien und andere Organellen wandern in Wachstumsrichtung

Einige Pilze (z. B. Bäckerhefe, *Saccharomyces cerevisiae*) können als Hefe oder Hyphen (bzw. Pseudohyphen) wachsen; Wechsel zwischen den Wuchsformen = **Dimorphismus.**

Das **größte Lebewesen** auf der Erde ist ein Pilz: Ein Mycel des Hallimaschs *Armillaria bulbosa* in Kanada bedeckt eine Fläche von 15 Hektar. Seine Masse beträgt schätzungsweise 10 000 kg.

5.5 Sporenbildung

Chitinpilze vermehren und verbreiten sich durch Freisetzung von geschlechtlich und ungeschlechtlich erzeugten Sporen

☐ *gelernt (Campbell S. 734)*

Sporen werden zur **Ausbreitung** in neue Lebensräume und **Überdauerung** ungünstiger Bedingungen gebildet.
Die Bildung erfolgt **mitotisch** (asexuell) oder **meiotisch** (sexuell) oder beides (Abb. 5.2)

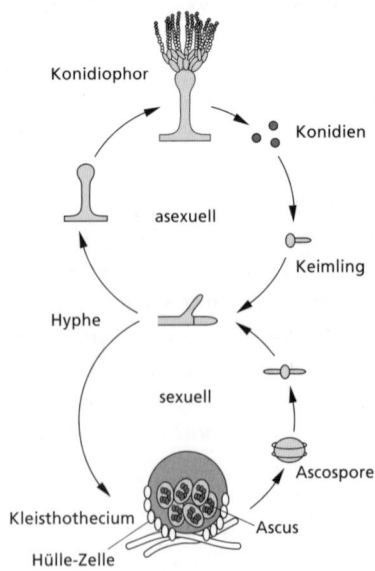

Abb. 5.2: Sexuelle und asexuelle Sporenbildung beim Schimmelpilz *Aspergillus nidulans*.

Basidiomyceten bilden eine enorme Zahl von Sporen: Der Hallimasch *Armillaria bulbosa* kann an einem einzigen Fruchtkörper pro Stunde 10^6 Sporen produzieren.

Sporenbildung am Beispiel von Schimmelpilzen:

a. Asexuelle Sporenbildung
- an Wasser-Luft-Grenzflächen entstehen unter Lichteinfluss Sporenträger (**Konidiophoren**)
- am Konidiophor entstehen spezielle Zellen, die **Metulae**, aus denen die **Phialiden** hervorgehen, die schließlich die Sporen (**Konidien**) bilden
- die Konidien sind grün und verleihen Schimmelpilzen auf Lebensmitteln die typische Färbung

b. Sexuelle Sporenbildung
- in Fruchtkörpern (z. B. **Kleistothecien** oder **Apothecien**) nach Paarung (**Hyphenfusion**) mit Kreuzungspartner oder Selbstbefruchtung
- nach Verschmelzung der Zellkerne entstehen darin meiotische **Ascosporen**
- bei manchen Arten (z. B. *Neurospora crassa*) Bildung spezieller weiblicher und männlicher Strukturen (**Ascogon** bzw. **Trichogyne**)
- **Ascus**: Schlauch, in dem bei Ascomyceten die Sporen gebildet werden

Sporenbildung bei Basidiomyceten:
- **Basidie**: Ständer – Ausstülpung einer diploiden Zelle von Basidiomyceten, in der meiotisch 4 haploide **Basidiosporen** gebildet werden
- Basidien bilden zu Tausenden in charakteristischer Anordnung eine Fruchtschicht (**Hymenium**)
- Anordnung dient als wichtiges Bestimmungsmerkmal: **Lamellenpilze** (Champignon, Fliegenpilz) oder **Röhrenpilze** (Steinpilz, Maronenröhrling)

Sexuelle Fortpflanzung bei Pilzen

- Voraussetzung für Bildung meiotischer Sporen: unterschiedliche **Paarungstypen**
- Paarungstyp wird definiert durch **Paarungstyplocus** (bei Bäckerhefe a oder α)
- **heterothallisch**: sexuelle Vermehrung erfordert zwei verschiedene Individuen
- **homothallisch**: sexuelle Vermehrung erfolgt innerhalb eines Individuums
- keine speziellen Geschlechtschromosomen
- Steuerung der Partnererkennung durch Pheromone

Pheromone

- Signalmoleküle zwischen zwei Organismen (z. B. Peptide)
- Bildung wird durch Paarungstyplocus gesteuert
- a-Zellen bilden a-Faktor, α-Zellen bilden α-Faktor
- a-Faktor erkennt α-Zellen, α-Faktor erkennt a-Zellen

Teliosporen

- diploide Sporen des Rostpilzes *Ustilago maydis*
- Bildung erfolgt innerhalb des Tumors infizierter Maispflanzen

5.6 Symbiosen

Schimmelpilze, Hefen, Flechten und Mykorrhiza repräsentieren spezialisierte Lebensweisen, die sich unabhängig in mehreren Abteilungen der Chitinpilze entwickelt haben.

    gelernt (Campbell S. 740)

5.6.1 Flechten

> ❗ Lebensgemeinschaften aus Pilzen (**Mykobiont**) und Algen oder Cyanobakterien (**Phycobiont**), die einen morphologisch einzigartigen neuen Organismus bilden.

- Pilze meist **Ascomyceten**, aber auch **Basidiomyceten**
- Algen: **Grünalgen**
- der Mykobiont liefert **Mineralien**, der Phycobiont **Photosynthese-Assimilate**
- **Krustenflechten**: krustenartige Körper auf der Erde oder auf Steinen
- **Blatt- und Strauchflechten**: bestehen aus differenzierten Thalli
- koordinierte vegetative Vermehrung durch **Isidien** oder **Soredien** (enthalten jeweils beide Partner)

5.6.2 Mykorrhiza

- Symbiose von Pilz und Pflanze an deren Wurzeln **!**
- der Pilz liefert **Mineralien**, die Pflanze **organische Verbindungen**
- man unterscheidet **Ektomykorrhiza** und mehrere Formen von **Endomykorrhiza**

Die Pilze stellen eine enorme Vergrößerung des Wurzelsystems dar:
Pro Meter Wurzel können etwa 1 km Pilzhyphen vorliegen. ∎

Endomykorrhiza	Ektomykorrhiza
Hyphen dringen in Wurzelrindenzellen ein	Hyphen dringen in den Interzellularraum ein, nicht in die Wurzelzellen
kaum wirtsspezifisch	wirtsspezifisch (bei vielen Bäumen)
Pilz kann nur mit pflanzlichem Partner wachsen (**obligat biotroph**)	Pilz kann auch saprotroph leben
Bildung eines **Appressoriums** beim ersten Kontakt von Hyphen und Wurzeln	keine Bildung eines Appressoriums
Stoffaustausch z. B. bei **arbuskulärer Mykorrhiza** über bäumchenartige **Arbuskeln** in den Pflanzenzellen	Stoffaustausch über Hyphennetzwerk (**Hartigsches Netz**)

Mykorrhizen sind symbiontische Assoziationen von Wurzeln und Pilzen und verbessern die Ernährung der Pflanzen

☐ *gelernt (Campbell S. 932)*

5.7 Schleimpilze

- früher als Pilze klassifizierte eukaryotische Mikroorganismen mit **beweglichen Stadien**
- **Plasmodium**: vielkernige Riesenzelle, die aus der Paarung zweier Amöben oder **Schwärmzellen** entsteht (Zygotenbildung) und sich **amöboid fortbewegt**
- **Sklerotium**: Anpassungsform des Plasmodiums an Austrocknung
- **Schwärmzellen**: entstehen aus meiotischen Sporen und sind beweglich durch Geißeln

Myxobionta: Schleimpilze haben strukturelle Anpassungen und Entwicklungszyklen, die ihre ökologische Bedeutung als Saprophyten verstärken

☐ *gelernt (Campbell S. 678)*

6. Genetik und Evolution der Mikroorganismen

- **Veränderungen des Genoms** sind die Triebfeder der Evolution
- bei Bakterien durch **spontane Mutationen** oder **Aufnahme fremder DNA**, z. B. durch Transformation, Transfektion oder Transduktion
- bei Prokaryoten häufig **horizontaler Gentransfer**: Austausch von genetischem Material zwischen nicht verwandten Arten
- dies ermöglicht den Erwerb neuer Eigenschaften, z. B. von Resistenzen durch Aufnahme von Plasmiden
- Spezialfall: **Trans-Kingdom-Transfer**: Übertragung von genetischem Material auf Vertreter eines anderen Reiches (z. B. von *Agrobacterium tumefaciens* auf eukaryotische Zellen)

6.1 Mutationen

- **Mutation**: vererbbare Veränderung des Genoms
- der Mutationsort ist **zufällig** und **ungerichtet**
- dennoch gibt es bisweilen bevorzugte Stellen (*hot spots*): Sequenzen, an denen Mutationen häufiger erfolgen (aber auch hier ungerichtet und zufällig)
- das Mutationsereignis erfolgt **spontan** oder **induziert**, d. h. gezielt durch äußere Einflüsse (z. B. Mutagene)
- **Mutante**: Zelle, deren genetische Information im Vergleich zum Wildtyp verändert ist
- Mutationen verändern den **Genotyp**, aber nicht unbedingt den **Phänotyp** (bestimmt durch Expression der Gene)
- da Prokaryoten in der Regel **haploid** sind, wirken sich Mutationen meist **phänotypisch** aus
- durch **kurze Generationszeit** rasche Anpassung an Umweltveränderungen möglich

Die kurze Generationszeit der Bakterien erleichtert ihre evolutionäre Anpassung an wechselnde Umweltbedingungen

(Campbell S. 399) gelernt ☐

Sichtbare Mutationen treten bei Prokaryoten mit einer
Wahrscheinlichkeit von 1 zu 100 Millionen auf.

Mutationstypen

Typ	Charakteristika
Punktmutation	betrifft nur ein oder wenige Basenpaare
Transition	Austausch eines Pyrimidins gegen Pyrimidin oder Purins gegen Purin
Transversion	Austausch von Pyrimidin gegen Purin oder umgekehrt
Leserasterverschiebung (*frame shift*)	Veränderung der Basentripletts durch Einfügen oder Entfernen von Basen – ergibt sich ein Stopp-Codon, kommt es zum Abbruch der Proteinsynthese
stumme Mutation	Mutation, die sich phänotypisch nicht auswirkt (z. B. Codierung für die gleiche Aminosäure)
Rückmutation	erneute Mutation am ursprünglichen Mutationsort einer Mutante, durch die wieder der Wildtyp entsteht
Supressor-Mutation	erneute Mutation an einem anderen als dem ursprünglichen Mutationsort – innerhalb (**intragenisch**) oder außerhalb (**extragenisch**) des betreffenden Gens –, durch die wieder der Phänotyp des Wildtyps entsteht (= **Revertante**)
Segmentmutation a. Deletion b. Duplikation c. Inversion d. Insertion	betrifft größere Zahl von Nucleotiden a. Verlust einer ganzen Nucleotidsequenz b. Verdopplung einer Nucleotidsequenz c. spiegelbildliche Umkehr einer Nucleotidsequenz d. Einbau einer Nucleotidsequenz

Genmutationen können die Struktur und Funktion eines Proteins
verändern

(Campbell S. 377) gelernt ☐

Mutagene

- physikalische oder chemische Agenzien, die Mutationen verursachen und ihre Häufigkeit erhöhen, z. B. UV-Strahlung, radioaktive Strahlung, Röntgenstrahlen, Chemikalien

- **chemische Mutagene:**

interkalierende Agenzien	lagern sich zwischen die Basen der DNA-Helix ein, z. B. Ethidiumbromid
modifizierende Agenzien	verändern die chemische Natur der Basen (z. B. Desaminierung) – **Depurinierung:** Verlust einer Purinbase – **Depyrimidierung:** Verlust einer Pyrimidinbase
Basenanaloga	werden statt der natürlichen Basen in die DNA eingebaut (z. B. Bromuracil)

Ames-Test

- dient der Bestimmung der Mutagenität von Chemikalien
- durch Mutagenität auf Bakterien soll Wirkung auf den Menschen abgeschätzt werden
- Auslösung von Rückmutationen dient als Maß für Mutagenität ▪

Enzyme lesen an replizierter DNA Korrektur und reparieren Schäden

(Campbell S. 351) gelernt ☐

DNA-Reparatur
- Beseitigung fehlerhafter Stellen in der DNA
- DNA-Polymerase übt **Korrekturlesefunktion** aus
- z. B.: **Endonucleasen** schneiden DNA-Strang, **DNA-Polymerase** füllt die Lücke, **Ligase** schließt den Strang wieder
- Mechanismen:

direkte Reparatur	nur geschädigtes Basenpaar wird repariert, z. B. bei Thymin-Dimeren
Exzisionsreparatur	defekter Abschnitt des DNA-Stranges wird enzymatisch erkannt, herausge-schnitten und anschließend neu syn-thetisiert
Fehlpaarungsreparatur (*mismatch*)	spezielle Proteine erkennen falsch gepaarte Basenpaare, die herausge-schnitten werden
Postreplikationsrepa-ratur	fehlerhafter Strangabschnitt wird nach der Replikation repariert, z. B. durch rekombinativen Strangaustausch

 Möglichkeiten der Isolierung von Mutanten
- Isolation mit **Selektivmedium** möglich, wenn Mutanten nur auf bestimmten Medium wachsen
- Selektion auf **Antibiotikaresistenz** mit Medium, das ein bestimm-tes Antibiotikum enthält
- **auxotrophe Mutanten**: können eine bestimmte Substanz (z. B. eine Aminosäure) nicht herstellen; Isolation in Minimalmedium
- **Penicillinanreicherung**: Anreicherung einer auxotrophen Mu-tante mit Penicillin-haltigem Minimalmedium – nutzt aus, dass nur wachsende Zellen durch Penicillin abgetötet werden (nicht wachsende Zellen überleben)
- **Replikaplattierung**: Vergleich des Wachstums von Kolonien glei-chen Ursprungs auf verschiedenen Medien (mit und ohne eine bestimmte Substanz); Übertragung der Kolonien mit einem steri-len Stempel
- nicht-selektierbare Mutanten müssen durch **Screening** gesucht werden (z. B. Pigment-Mutanten), weil es keine Wachstumsunter-schiede gibt

RNA-Viren mutieren sehr viel häufiger (um den Faktor 1000) und
rascher als DNA-Viren, weil die **RNA-Polymerase** keine Korrektur-
lesefähigkeit aufweist wie die DNA-Polymerase und es keine Repara-
tursysteme für RNA-Genome gibt. Daher sind Krankheiten, die durch
solche Viren (z. B. HIV) verursacht werden, besonders schwer zu
behandeln.

6.2 Veränderung der Erbsubstanz durch Rekombination

Rekombination
- Kombination des Genoms oder von Teilen davon mit dem eines
  anderen Organismus
- erhöht die Evolutionsgeschwindigkeit

a. sexuelle Rekombination
  - bei Eukaryoten in Verbindung mit der **Meiose**
  - Neukombination vollständiger Genome führt zur Bildung einer
    Zygote
  - Umstrukturierung des gesamten Genoms

b. parasexuelle Rekombination
  - bei Prokaryoten (und einigen Eukaryoten, z. B. Pilzen) vorherr-
    schender Prozess ohne Meiose
  - Neukombination von Teilen verschiedener Genome führt zur
    Bildung einer **Merozygote**
  - bei Bakterien durch **Transformation, Transduktion** oder **Konju-
    gation**

Cis-Trans-Test
- **Komplementationstest** – Methode, um festzustellen, ob zwei
  Mutationen zwei verschiedene Allele eines Gens oder zwei verschiedene Gene betreffen
- unterscheidet Mutationen in cis-Konfiguration (beide Mutationen
  auf demselben Chromosom) von solchen in trans-Konfiguration
  (jeweils auf einem Schwesterchromosom)
- **Cistron**: genetische Einheit, die sich bei diesem Test als funktionelle Einheit erweist

Formen der Rekombination:

Bezeichnung	Mechanismus	Beispiel
homologe Rekombination	Strangaustausch zwischen homologen Sequenzabschnitten mithilfe eines RecA-Proteins	Einbau von Fremd-DNA in bakterielles Chromosom
ortsspezifische Rekombination	zwischen spezifischen, über einen kurzen Bereich homologen Sequenzabschnitten mithilfe einer Rekombinase	Einbau des Bakteriophagen λ in das Chromosom von *E. coli*
illegitime Rekombination	zwischen nicht homologen Abschnitten	Insertion transponierbarer Elemente

Genetische Rekombination bringt neue Bakterienstämme hervor

gelernt (Campbell S. 399)

6.2.1 Transposition

! Übertragung eines transponierbaren Elements oder einer Kopie davon von einer Stelle der DNA auf eine andere

- kann innerhalb eines Doppelstranges oder zwischen verschiedenen Doppelsträngen erfolgen
- benötigt das Enzym **Transposase**: diese erkennt die invertierten Sequenzwiederholungen (*inverted repeats*, IR) am Ende der transponierbaren Elemente
- **konservative Transposition**: Ausschneiden eines Transposons und Übertragung auf eine andere Stelle; Kopienzahl pro Genom bleibt konstant
- **replikative Transposition**: Transposon wird während der Übertragung repliziert; Kopienzahl pro Genom wird verdoppelt

Transponierbare Elemente: bewegliche genetische Elemente, die keinen festen Platz im Genom haben (auch als „springende" Gene bezeichnet)

Beispiele für transponierbare Elemente bei Prokaryoten:

Insertionssequenzen (IS-Elemente)	bestehen aus Transpositionsgenen, flankiert von IR-Paaren (*inverted repeats*)
Transposons	tragen außer Transpositionsgenen noch weitere Gene
a. einfache	a. aus Transpositionsgenen und weiteren Genen, flankiert von IR-Elementen
b. zusammengesetzte	b. aus Transpositionsgenen und weiteren Genen, flankiert von IS-Elementen
transponierbare Phagen	Viren, die transponiert werden können, z. B. HIV

Transposon-Mutagenese: die häufige Verwendung von Transposons zur Auslösung von Mutationen im Labor

Entdeckt wurden die transponierbaren Elemente 1956 von Barbara McClintock bei ihren Untersuchungen an Maispflanzen.

6.2.2 Transformation

Genetische Veränderung einer Zelle durch direkte Aufnahme von freier DNA aus dem Lebensraum

- ermöglicht wird die Transformation durch **Kompetenz** der Zelle (= kompetente Zellen); diese erfordert Bildung oder Aktivierung spezifischer Rezeptorproteine (**Kompetenzfaktoren**)
- die aufgenommene DNA wird ins Chromosom eingebaut oder verbleibt als unabhängig repliziertes Molekül in der Zelle
- Transformation erfolgt bei gramnegativen und grampositiven Bakterien unterschiedlich
- **Transfektion**: Aufnahme viraler DNA aus der Umgebung in eine Zelle – bei Eukaryoten als Bezeichnung für Transformation

Ebenfalls als **Transformation** bezeichnet wird die Umwandlung von
Säugerzellen in Tumorzellen.

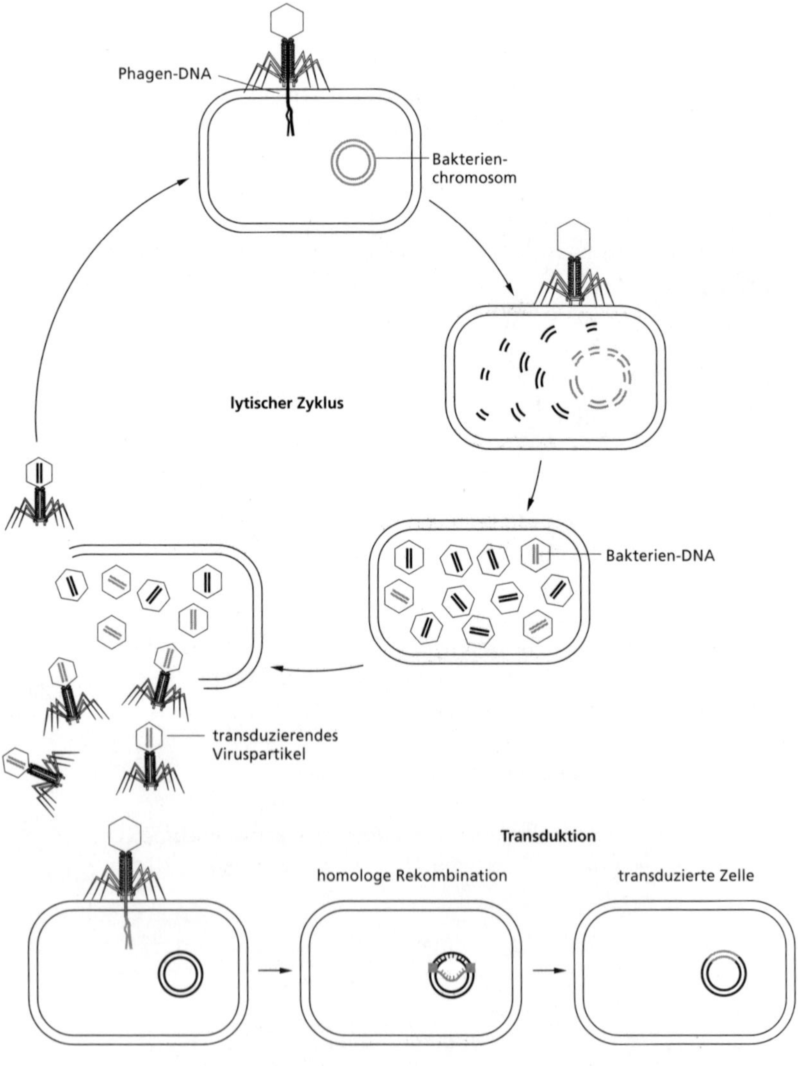

Phagen-DNA

Bakterien-
chromosom

lytischer Zyklus

Bakterien-DNA

transduzierendes
Viruspartikel

Transduktion

homologe Rekombination   transduzierte Zelle

Abb. 6-1: Allgemeine Transduktion: Bildung eines Phagen-Partikels mit Wirts-
DNA.

6.2.3 Transduktion

> Übertragung bakterieller DNA zwischen Zellen durch Viren (Bakteriophagen)

- erfolgt infolge eines Fehlers bei der Reifung der Phagen: statt Phagen-DNA wird chromosomale DNA eingebaut
- *a. allgemeine Transduktion* (Abb. 6.1)
  - zufällige Übertragung beliebiger Bakteriengene durch Phagen
  - infolge eines Verpackungsfehlers wird Bakterien-DNA in Capsid eingebaut
  - diese transduzierenden Phagen-Partikel können wieder Bakterienzellen infizieren und dabei die bakterielle DNA übertragen
  - z. B. Transduktion durch P1 bei *E. coli*
- *b. spezifische Transduktion*
  - Übertragung bestimmter Bakteriengene durch Phagen (nur temperente Phagen)
  - Voraussetzung: Einbau des Phagengenoms in das Bakterienchromosom, das später fehlerhaft herausgeschnitten, verpackt und übertragen wird
  - z. B. Transduktion durch λ bei *E. coli*

6.3 Plasmide

> - **doppelsträngige**, **ringförmige** oder **lineare** extrachromosomale DNA-Moleküle
> - **replizieren unabhängig** vom Chromosom
> - immer in charakteristischer Kopienzahl pro Zelle
> - codieren für zusätzliche Eigenschaften, die nicht unbedingt lebensnotwendig sind, aber u. U. einen Selektionsvorteil verschaffen (z. B. Resistenzen)
> - kommen bei **Bacteria**, **Archaea** und **Hefen** vor
> - **Episome**: Plasmide, die in das bakterielle Chromosom der Wirtszelle integriert werden können
> - Plasmidaustausch bei der Konjugation oder durch natürliche Transformation ist ein wichtiger Übertragungsweg genetischer Information

Bei einigen Archaea machen Plasmide bis zu 25 % des genetischen Materials aus. Ihre Größe bei Bakterien reicht von wenigen bis mehreren tausend Kilobasen.

Arten von Plasmiden:

Bezeichnung	Charakteristika
metabolische Plasmide	besitzen Gene für die Metabolisierung neuer Nährstoffe oder auch von toxischen Substanzen
Resistenz-Plasmide	verleihen Resistenz gegen Antibiotika oder andere Wirkstoffe
Virulenzfaktoren	codieren für pathogene Eigenschaften (z. B. Kolonisierung der Wirtszelle)
Toxinbildungs-Plasmide	codieren für Toxinsynthese
kryptische Plasmide	verleihen der Zelle keine neuen Eigenschaften, wirken sich nicht phänotypisch aus

- Benennung der Plasmide oft nach der Substanz, für deren Abbau sie codieren, z. B. TOL-Plasmid für den Abbau von Toluol
- zur Replikation trägt jedes Plasmid *rep*-Gene: bestimmen den Zeitpunkt des Replikationsbeginns und die Verteilung der Plasmide auf die Tochterzellen
- die eigentliche Replikation erfolgt durch Enzyme der Wirtszelle

Replikation ringförmiger Plasmide
a. *Theta-Replikation*
   - bei doppelsträngigen DNA-Molekülen, z. B. F-Plasmid
   - DNA-Synthese beginnt am Replikationsursprung in entgegengesetzte Richtungen
b. Rolling-Circle-*Replikation*
   - mit einzelsträngigem Intermediat; zunächst wird ein Strang kopiert, dann der andere
   - Plasmide grampositiver Bacteria, viele Bakteriophagen
c. *Strang-Verdrängungs-Replikation (Sigma-Replikation)*
   - ähnlich *Rolling-Circle*-Replikation
   - z. B. Plasmide der IncQ-Familie

Replikation linearer Plasmide
- für Initiation **Primer** erforderlich
- Plasmide mit **Haarnadelstruktur**: bilden doppelsträngigen DNA-Primer
- **Protein-Primer**: enthält gebundene Base mit freiem 3'-OH-Ende

Kontrolle der Kopienzahl
- Erfolgt durch Gene auf dem Plasmid
- soll Weitergabe von Plasmid-Kopien an Tochterzellen sicherstellen
- bei Plasmiden mit geringer Kopienzahl **stringente Kontrolle**
- bei Plasmiden mit hoher Kopienzahl **relaxierte Kontrolle**
- **Amplifikation**: Vervielfältigung bestimmter DNA-Bereiche oder ganzer Plasmide

Inkompatibilität
- Unverträglichkeit verschiedener Plasmide der gleichen Inkompatibilitätsgruppe
- verhindert die gemeinsame Replikation in einer Wirtszelle
- beruht auf *inc*-Genen (Inkompatibilitätsgenen) auf den Plasmiden

Partitioning
- Mechanismus zur Aufteilung von Plasmid-Kopien auf Tochterzellen bei Zellteilung
- präzise Kontrolle der Verteilung v. a. bei Plasmiden mit geringer Kopienzahl erforderlich

Bakteriocine
- gegen andere, konkurrierende Bakterien gerichtete **Bakterientoxine**, deren Synthese von Plasmiden codiert wird
- benannt nach dem Organismus, in dem sie vorkommen, z. B. **Colicine** aus *E. coli*, **Influenzacine** aus *Haemophilus influenzae*

Plasmid-codierte Resistenzen
- Resistenzen gegen Antibiotika, Schwermetalle, Schutz gegen UV-Licht, Chemikalien
- **R-Plasmide**: Plasmide, die Antibiotikaresistenz-Gene tragen (es gibt aber auch chromosomal codierte Antibiotikaresistenz)
- bei vielen Pathogenen inzwischen **multiple Resistenzen** durch R-Plasmide

6.4 Konjugation

> ❗ Übertragung bakterieller DNA von einer Donor- in eine
> Empfängerzelle über eine Cytoplasmabrücke

- Empfängerzelle wird anschließend als **Transkonjugant** bezeichnet
- Donorzelle wird auch als männlich, Empfängerzelle als weiblich
  bezeichnet
- erfolgt durch **konjugative Plasmide** oder **konjugative Transposons**
- nicht nur zwischen zwei Bakterienzellen der gleichen Spezies,
  sondern auch zwischen verschiedenen Arten oder z. B. zwischen
  Bakterien und Pflanzenzellen

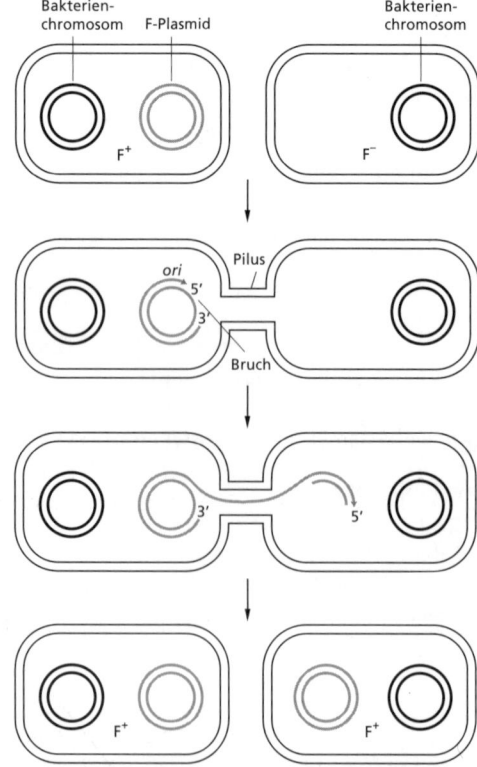

Abb. 6.2: Konjugation: Übertragung des F-Plasmids nach dem *Rolling-Circle-*
Mechanismus.

Konjugationssystem des F-Plasmids (Abb. 6.2)
- **F-Plasmid**: konjugatives Plasmid von *E. coli*
- **F⁺-Zellen**: Donorzellen mit freiem ringförmigem Plasmid und **Sex-Pili** (F-Pili), die für die Konjugation essenziell sind
- **F⁻-Zellen**: Rezipientenzellen (weisen kein F-Plasmid auf)
- Auslösung der Konjugation durch Zell-zu-Zell-Kontakt
- **Oberflächen-Ausschluss**: Verhinderung der Paarbildung in Reinkultur von F⁺-Zellen
- Konjugation bei anderen gramnegativen Bakterien meist ähnlich
- **Hfr-Zellen** (*high frequency of recombination*): Zellen, in denen das F-Plasmid durch Rekombination ins Chromosom integriert ist

---

Das **Konjugationssystem des Ti-Plasmids (*tumor induction*)** von
Agrobacterium tumefaciens ist ein Beispiel für die Übertragung
prokaryotischer DNA in eukaryotische Zellen; dadurch können
Wurzelhalsgallen bei Pflanzen entstehen.

Konjugative Plasmide weiterhin bei:
- grampositiven Bakterien: keine Sex-Pili, Rezipentenzelle scheidet Pheromon aus
- Archaea: nur von *Sulfolobus* bekannt

Konjugative Transposition
- Übertragung eines Transposons vom Donor auf einen Rezipienten durch Zell-zu-Zell-Kontakt
- in Form eines kovalent geschlossenen DNA-Rings

Mobilisierung
- durch konjugatives Plasmid ausgelöste Übertragung anderer genetischer Elemente, z. B. andere Plasmide, Wirtschromosom
- Beispiel: Übertragung bakterieller Gene durch Hfr-Zellen während der Konjugation

6.5 Genomkartierung durch Rekombinationshäufigkeit

Genkartierung
Ermittlung der Reihenfolge der Gene auf dem Chromosom zur
Erstellung einer **genetischen Karte**

- Berechnung des Abstands von Genen aus der Häufigkeit der gemeinsamen Übertragung

Kartierungsmethoden:
- **unterbrochene Konjugation** (*interrupted-mating*-Kartierung): Kreuzung von Stämmen mit integriertem F-Plasmid (Hfr) mit Stämmen ohne F-Plasmid
- **Cotransformation**: gemeinsame Übertragung benachbarter Gene durch Transformation
- **Cotransduktion**: gemeinsame Übertragung benachbarter Bakteriengene durch allgemeine Transduktion durch Viren (nur für relativ nahe beieinander liegende Gene)

6.6 Einschränkungen des Gentransfers

> **!**
> - **Restriktions-Modifikations-Systeme**: enzymatischer Schutz der zelleigenen DNA vor Fremd-DNA
> - **Restriktion**: Abbau von Fremd-DNA durch **Restriktionsenzyme (Restriktions-Endonucleasen)**
> - **Modifikation**: Schutz der eigenen DNA durch spezifische **Methylierung**

Restriktions-Endonucleasen
- spalten fremde, nicht methylierte DNA an spezifischen Sequenzen (dies sind oft **Palindrome**: Basenfolge, die im komplementären Strang in Leserichtung identisch ist)
- **Benennung:** mit dem ersten Buchstaben des Gattungsnamens und den ersten beiden Buchstaben des Artnamens; kursiv und Stammbezeichnung dahinter, z. B. *Eco* RI von *E. coli*
- Schnitte je nach Enzym gerade oder versetzt (mit freien 3'- oder 5'-Enden)
- vom gleichen Enzym geschnittene DNA weist daher zueinander komplementäre Enden auf
- Verwendung in Gentechnik zur Erzeugung **rekombinanter DNA**
- **Isoschizomere**: Endonucleasen verschiedener Organismen, die die gleiche Sequenz erkennen und an identischen Stellen (uneingeschränkt I.) oder unterschiedlichen Stellen (eingeschränkte I.) schneiden

7. Wachstum von Mikroorganismen

Die **Nährstoffansprüche** und **Wachstumsbedingungen** verschiedener Mikroorganismen sind sehr unterschiedlich. Für optimales Wachstum müssen alle erfüllt sein.

7.1 Umweltansprüche

- Vorhandensein einer Energiequelle
- Bausteine für Biosynthesen
- physikalische und chemische Faktoren für das Wachstum

Prokaryoten können nach der Art ihrer Kohlenstoff- und Energiequellen in vier Kategorien eingeteilt werden

(Campbell S. 634) gelernt ☐

Die vier Hauptkategorien der prokaryotischen Ernährung sind: **!**

Kategorie	Energiequelle	Kohlenstoffquelle
Photoautotrophe	Licht	Kohlendioxid
Photoheterotrophe	Licht	organische Verbindungen
Chemoautotrophe	anorganische Substanzen	Kohlendioxid
Chemoheterotrophe	organische Substanzen	organische Verbindungen

Wachstumsfaktoren
- organische Verbindungen, die in geringen Mengen als Vorstufen für Biosynthesen benötigt werden
- Vitamine, Aminosäuren, Purine/Pyrimidine
- am häufigsten werden **Vitamine** benötigt, z. B. als Bestandteile von Coenzymen

Gegenüberstellung der Unterteilungsmöglichkeiten nach Nährstoffansprüchen:

Chemotrophe	– organische und anorganische Substanzen als Energiequelle und Ausgangsmaterial für Biosynthesen
Phototrophe	– Sonnenlicht als Energiequelle, z. B. durch Photosynthese
Organotrophe	– organische Verbindungen als Elektronendonor
Lithotrophe	– anorganische Verbindungen als Elektronendonor
Autotrophe	– können Zellsubstanz fast ausschließlich aus CO_2 synthetisieren
Heterotrophe	– benötigen eine organische Verbindung als Kohlenstoffquelle
Prototrophe	– benötigen lediglich eine einzige organische Verbindung als Kohlenstoff- und Energiequelle; z. B. *E. coli*
Auxotrophe	– benötigen Wachstumsfaktoren aus ihrer Umgebung, weil ihnen bestimmte Enzyme fehlen; z. B. Milchsäurebakterien

Die einzelnen Organismen gehören Kombinationen dieser Kategorien an, z. B. Chemolithoheterotrophe.

Aufnahme und Funktion der Makroelemente:

Element	Herkunft/Aufnahme	Funktion (z. B.)
Kohlenstoff (C)	als CO_2 aus der Luft (Autotrophe) oder aus organischen Substanzen (Heterotrophe)	Bestandteil aller organischen Moleküle, CO_2
Sauerstoff (O)	in molekularer Form aus der Luft, in gebundener Form aus komplexen Verbindungen	Bestandteil aller organischen Moleküle, terminaler Elektronenakzeptor aerober Organismen

Element	Herkunft/Aufnahme	Funktion (z. B.)
Wasserstoff (H)	als H_2O oder aus organischen Substanzen	Bestandteil aller organischen Moleküle, Elektronendonor vieler Prokaryoten
Stickstoff (N)	in gebundener Form, als Ammoniumion (NH_4^+), von Spezialisten auch als Nitrat, Nitrit oder molekularer Stickstoff	Bestandteil von Proteinen, Nucleinsäuren und vielen Coenzymen
Schwefel (S)	als Sulfation (SO_4^-)	Bestandteil von Proteinen (in den Aminosäuren Cystein und Methionin), einigen Coenzymen und Vitaminen, je nach Reduktionsstufe Elektronendonor bzw. -akzeptor einiger Prokaryoten
Phosphor (P)	als Phosphation (PO_4^{3-}) oder in gebundener Form	Bestandteil von Nucleinsäuren und Nucleotiden, Phospholipiden
Eisen (Fe)	über Siderophore in Lösung gebracht, dann aufgenommen	Cytochrome, Eisen-Schwefel-Proteine, Enzyme
Natrium (Na)	als Kationen organischer Salze	Zellwandstabilisierung bei Halophilen
Kalium (K)	als Kationen organischer Salze	Proteinsynthese (Enzyme)
Magnesium (Mg)	als Kationen organischer Salze	Stabilisierung von Ribosomen, Zellmembranen, Nucleinsäuren, Chlorophylle, viele Enzyme

! Unterteilung der Nährstoffe:

Makroelemente/Hauptelemente	Mikroelemente/Spurenelemente
Bestandteile der meisten Zellkomponenten	Metalle, die häufig als Cofaktoren oder Bestandteile von Enzymen dienen
in höheren Konzentrationen benötigt	in sehr geringen Konzentrationen benötigt, teilweise essenziell
Kohlenstoff, Sauerstoff, Wasserstoff, Stickstoff, Schwefel, Phosphor, Eisen, Natrium, Kalium, Magnesium, Calcium	z. B. Mangan, Kobalt, Kupfer, Nickel, Molybdän, Selen, Zink, Vanadium

Weitere Unterteilungsmöglichkeiten von Mikroorganismen nach ihren Umweltansprüchen:

a. Unterscheidung nach pH-Optimum
- **Neutrophile**: wachsen am besten bei pH-Wert um 7, gilt für die meisten Mikroorganismen
- **Acidophile**: wachsen am besten bei niedrigem pH-Wert, z. B. viele Pilze, einige Bakterien, einige Archaea
- **Alkaliphile**: wachsen am besten bei hohem pH-Wert, z. B. *Bacillus*-Arten, einige Archaea

 Bei der **Säurekonservierung** von Lebensmitteln (z. B. durch Milchsäuregärung) macht man sich zunutze, dass nur wenige Mikroorganismen niedrige pH-Werte tolerieren.

b. Unterscheidung nach Sauerstoffbedarf
- **Aerobe**: wachsen bei Luftsauerstoffkonzentration von 21 %
- **obligat Aerobe**: benötigen molekularen Sauerstoff als terminalen Elektronenakzeptor zur Energiekonservierung, z. B. *Micrococcus luteus*
- **Microaerophile**: wachsen nur bei deutlich unter 21 % liegender Sauerstoffkonzentration (niedrigem O_2-Partialdruck), z. B. *Corynebacterium diphtheriae*

- **Anaerobe:** können ohne Sauerstoff wachsen, nutzen andere anorganische oder organische terminale Elektronenakzeptoren oder betreiben Gärung
- **obligat Anaerobe:** für sie ist Sauerstoff toxisch, können nur unter Ausschluss von O_2 wachsen, z. B. Clostridien
- **fakultativ Anaerobe:** können sowohl aerob als auch anaerob leben, z. B. *E. coli*
- **Aerotolerante:** Anaerobe, die Sauerstoff tolerieren, aber nicht als Elektronenakzeptor nutzen, z. B. *Lactobacillus*

c. *Unterscheidung nach Temperaturoptimum*
- **extrem Thermophile:** Temperaturoptimum > 65 °C
- **Thermophile:** Temperaturoptimum > 40 °C
- **Mesophile:** Temperaturoptimum 20–42 °C
- **Psychrophile:** Temperaturoptimum < 20 °C

Einige Archaea tolerieren Temperaturen von > 110 °C.

---

d. *Unterscheidung nach Toleranz gegenüber osmotischem Druck*
- **Osmophile:** wachsen optimal unter hohem osmotischen Druck (in Umgebung mit hohem Zuckergehalt)
- **Osmotolerante:** können unter hohem osmotischen Druck wachsen, aber auch in normalen Nährmedien bei geringer Zuckerkonzentration, z. B. *Penicillium, Aspergillus*
- **Halophile:** wachsen in Gegenwart hoher Elektrolyt- bzw. Salzkonzentration (v. a. Kochsalz)

Das extrem halophile Bakterium *Halobacterium salinarum* stabilisiert seine Zellwand mit Natriumionen und benötigt daher eine hohe NaCl-Konzentration (15–30 %). In verdünnteren Lösungen lysieren die Zellen.

---

e. *Unterscheidung nach Toleranz gegenüber hydrostatischem Druck*
- **Barotolerante:** wachsen bei 1 atm, bei höherem Druck langsameres Wachstum, z. B. *E. coli*
- **Barophile:** wachsen bei 1 atm, bei höherem Druck schnelleres Wachstum (Optimum 400 atm, in Tiefen von 5 000–6 000 m)
- **obligat Barophile:** wachsen nur über 1 atm (bis zu 1 000 atm, in Tiefen bis zu 10 000 m), z. B. Tiefseebakterien

7.2 Wachstum und Vermehrung

- **Wachstum**: irreversible Zunahme der lebenden Substanz, auf der Ebene einzelner Zellen oder einer Zellpopulation
- **Vermehrung**: Zunahme der Zellzahl (Wachstum der Population)
- **Zellzyklus**: Ablauf aller Wachstumsprozesse in einer Zelle bis zur Teilung in Tochterzellen; erfordert eine komplexe Regulation

Formen der Zellteilung bei Mikroorganismen:

Mechanismus	Definition	Beispiel
binäre Spaltung	Teilung in zwei gleiche Tochterzellen	*E. coli*
asymmetrische Spaltung	Teilung in zwei ungleiche Tochterzellen	*Caulobacter*
multiple Spaltung	Teilung durch mehrere binäre Spaltungen in gemeinsamer Umhüllung	manche Cyanobakterien
ternäre Spaltung	Teilung in drei Tochterzellen	*Pelodictyon*
Knospung	Teilung durch Bildung eines lokalen Auswuchses an der Mutterzelle	*Nitrobacter*

Populationen von Mikroorganismen wachsen und adaptieren sich sehr schnell

 gelernt (Campbell S. 633)

Synchrone Kultur
- Kultur, in der sich alle Zellen in der gleichen Phase der Zellteilung befinden
- kann durch äußere Einflüsse (z. B. Temperaturschock, Wechsel der Nährlösung, Filtration) kurzzeitig hergestellt werden

Exponentielles Wachstum und Wachstumsrate
- bei Vermehrung durch Zweiteilung erhöht sich die Zellzahl **exponentiell**
- **exponentielles Wachstum**: Wachstum mit konstanter, unter den herrschenden Bedingungen maximaler Wachstumsrate (ständige Verdoppelung der Zellzahl pro Zeiteinheit)
- **Generationszeit (Verdopplungszeit)**: Zeitdauer, bis sich eine bestimmte Zellzahl unter definierten Bedingungen verdoppelt hat
- **Teilungsrate**: Anzahl der Teilungen pro Stunde
- **Wachstumsrate**: Zunahme der Zellmasse in einer bestimmten Zeit
  - **spezifische Wachstumsrate**: wird von der Konzentration eines limitierenden Substrats begrenzt
  - **maximale spezifische Wachstumsrate**: wird unter optimalen Bedingungen erreicht; nur von Eigenschaften des Mikroorganismus und der Temperatur begrenzt

Wachstumskurve
- graphische Darstellung der Wachstumsphasen einer statischen Kultur durch Auftragung von Zellzahl oder Zellmasse gegen die Zeit
- **halblogarithmische Auftragung**: Auftragung des dualen Logarithmus (Logarithmus zur Basis 2) der Zellzahl gegen die Zeit

---

Der Vorteil einer halblogarithmischen Auftragung liegt darin, dass sich bei exponentiellem Wachstum eine Gerade ergibt, aus deren Steigung man die Verdopplungszeit (Generationszeit) direkt ablesen kann. ∎

Inokulum
- Zellen von Mikroorganismen aus einer Vorkultur zum **Animpfen (Inokulieren)** einer Kultur; pro Milliliter Medium 10^6–10^7 Zellen

Diauxie
- zweiphasiges Wachstum einer Kultur bei Vorhandensein von zwei Substraten, von denen eines bevorzugt metabolisiert wird
- zunächst exponentielles Wachstum, bis Substrat 1 verbraucht ist
- danach Absinken des Wachstums (stationäre Phase), Umstellung des Stoffwechsels auf Substrat 2
- anschließend wieder exponentielles Wachstum, bis Substrat 2 verbraucht ist
- **Katabolitrepression**: Reprimierung der Gene für die Enzyme zum Abbau eines Substrats, verursacht durch Vorhandensein eines zweiten Substrats

❗ Wachstumsphasen einer Zellkultur (Abb. 7.1)

Lag-Phase (Anlaufphase)	Anpassung der Zellen an neue Wachstumsbedingungen
Beschleunigungsphase	Anstieg der Wachstumsrate bis zum exponentiellen Wachstum
Log-Phase (logarithmische oder **exponentielle Phase)**	exponentielles (logarithmisch verlaufendes) Wachstum mit konstanter Wachstumsrate
Übergangsphase	Absinken der Wachstumsrate, Ende des exponentiellen Wachstums
stationäre Phase	Wachstumsrate entspricht Sterberate, Zellzahl (Biomasse) bleibt konstant
Absterbephase	Wachstumsrate < Sterberate, Zellzahl nimmt ab

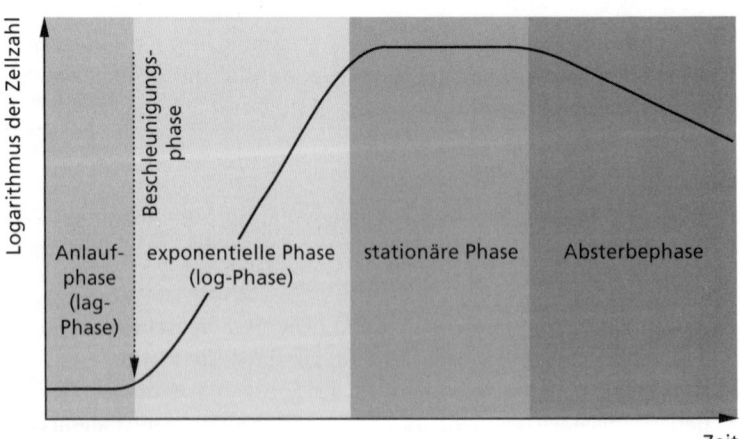

Abb. 7.1: Wachstumsphasen einer statischen Kultur.

Unterscheidung von zwei **Kultivierungstechniken:**

statische Kultur (diskontinuierliche Kultur, Batch-Kultur)	kontinuierliche Kultur
geschlossenes System	offenes System
keine Zugabe von Nährstoffen oder Entfernung von Stoffwechselprodukten während des Wachstums	Zufuhr von frischer und Entfernung verbrauchter Nährlösung (plus Zellen) während des Wachstums
Bedingungen im Kulturgefäß ändern sich während des Wachstums	Bedingungen werden konstant gehalten
Wachstum verläuft in Phasen, bis das Substrat verbraucht ist	Wachstum linear, größere Ausbeute
Sonderform: **Fed-Batch-Verfahren** (Zulauffermentation): Zufuhr frischer Nährlösung zu statischer Kultur → Volumen nimmt zu → Verlängerung von exponentieller und stationärer Phase	Formen: **Chemostat**: ständige Zufuhr von Medium und Entfernung von Kulturflüssigkeit → Volumen bleibt konstant → Limitierung des Wachstums durch ein essenzielles Substrat → spezifische Wachstumsrate **Turbidostat**: Zufuhr von Medium und Entfernung von Kulturflüssigkeit in Abhängigkeit von der Zelldichte (gemessen als Trübung = optische Dichte) → optische Dichte bleibt konstant → Wachstum mit konstanter, maximaler spezifischer Wachstumsrate

Verdünnungsrate

- Austauschrate von Nährlösung gegen Kulturflüssigkeit im Kulturgefäß
- entspricht im Gleichgewicht der Wachstumsrate der Kultur

Auswaschen

- Abnahme der Zellzahl in einer kontinuierlichen Kultur
- erfolgt, wenn die Verdünnungsrate die Wachstumsrate übersteigt

7.3 Mikrobiologische Methoden

> **!** Da Mikroorganismen fast überall leben können, sind **Keimfreiheit** (oder zumindest Keimarmut) von Lebensmitteln, Wasser und Gegenständen des täglichen Lebens sowie **steriles Arbeiten** wichtig.

 Die bis Mitte des 19. Jahrhunderts vorherrschende **Urzeugungstheorie**, die besagte, dass Mikroorganismen in geeigneter Umgebung spontan entstehen können, wurde 1861 von Louis Pasteur widerlegt (in Schwanenhalskolben blieb Medium trotz Öffnung steril, weil keine Mikroorganismen eindringen konnten, also konnten keine neu entstanden sein; Besiedlung erst nach Kippen des Kolbens).

7.3.1 Sterilisation und Desinfektion

Sterilisation	Desinfektion
vollständiges Abtöten bzw. Inaktivieren von Mikroorganismen und ihren Dauerformen	**gezieltes** Abtöten bzw. Inaktivieren von pathogenen Mikroorganismen
behandeltes Material ist **keimfrei (steril)**	behandeltes Material ist **keimarm**
Methoden: trockene oder feuchte Hitze, Filtration, γ-Strahlen, β-Strahlen, Mikrowellen, Chemikalien wie Formaldehyd etc.	Methoden: Hitze, UV-Strahlen, Chemikalien wie Alkohole etc., auch Kombination von feuchter Hitze und chemischen Desinfektionsmitteln

Methoden zur Sterilisation/Desinfektion:

Tyndallisieren
- fraktionierte Hitzesterilisation zum Abtöten von Sporen bildenden Mikroorganismen
- entwickelt von John Tyndall, der erkannte, dass Erhitzen nicht alle Mikroorganismen abtötet
- Erhitzen auf 100 °C tötet vegetative Zellen ab
- durch anschließende Inkubation kommt es zum Auskeimen der Endosporen
- erneutes Erhitzen auf 100 °C tötet die gekeimten Sporen

Pasteurisieren
- Teilentkeimung einer hitzeempfindlichen Lösung durch schonendes Erhitzen (ca. 80 °C)
- je nach Anwendungsgebiet Dauer-, Kurzzeit- oder Hocherhitzung
- je höher die Temperatur, desto kürzer die Einwirkzeit

Autoklavieren
- Sterilisation durch feuchte Hitze (Dampfsterilisation)
- **Autoklav:** geschlossener Druckbehälter (ein- oder doppelwandig), ausgestattet mit Thermometer, Manometer, Sicherheit- und Entlüftungsventil

7.3.2 Steriles Arbeiten

- Sterilisation der verwendeten Geräte etc. und Schutz vor Verunreinigung ist unabdingbar für mikrobiologische Experimente
- z. B. **Abflammen** zum Abtöten von Mikroorganismen, Arbeiten an steriler Werkbank

sterile Werkbank
- an drei Seiten geschlossene Laborwerkbank
- über die Arbeitsfläche strömt ständig sterilfiltrierte Luft
- Laminar-Flow-Systeme: vertikaler Durchstrom der sterilen Luft
- Sicherheitsklasse 2: Frontseite mit Sichtscheibe und offenem Arbeitsfenster
- Sicherheitsklasse 3: Frontseite völlig geschlossen, mit Handschuhöffnungen

Sterilschleuse
- Schleuse zwischen Sterilarbeitsbereich und Außenwelt
- abhängig von der Risikogruppe des Mikroorganismus weitere Sicherheitsmaßnahmen (z. B. Schutzkleidung) erforderlich

Einstufung von Mikroorganismen nach ihrem Risiko für den
Menschen:

Risikogruppe / Sicherheitsstufe	Sicherheitsanforderungen	Beispiele
I. kein oder sehr geringes Risiko	normale Hygieneregeln	*Bacillus subtilis* *Lactobacillus* *E. coli* *Saccharomyces cerevisiae* *Penicillium chrysogenum*
II. geringes bis mäßiges Risiko	wie I. plus Autoklav und Werkbank im Gebäude, Ausschluss betriebsfremder Personen, Kennzeichnung der Räume	*Streptococcus mutans* *Clostridium tetani* *Vibrio cholerae* *Candida albicans*
III. mäßiges bis hohes Risiko	wie II. plus nur in Werkbänken arbeiten, Unterdruck im Raum, Autoklav im Labor, Zutritt nur über Schleuse, kein infektiöses Material ins Abwasser	*Mycobacterium tuberculosis* *Bacillus anthracis* *Yersinia pestis* *Histoplasma capsulatum*
IV. hohes Risiko	wie III. plus separates Gebäude oder abgetrennter Trakt (deutlich gekennzeichnet), isoliertes Belüftungssystem	nur bestimmte Viren, z. B. Ebola

7.3.3 Kultivierung

Die Kultivierung von Mikroorganismen kann auf sehr unterschiedliche Weise erfolgen.

Nährmedien
- enthalten alle für das Wachstum eines Mikroorganismus erforderlichen Substanzen
- neben Nährstoffen sind auch andere Parameter der Nährlösung von Bedeutung (z. B. Temperatur, pH-Wert etc.)
- **Flüssigmedien**: können unter Zusatz von **Agar** (komplexes Polysaccharid aus Rotalgen) verfestigt werden (**Festmedien**)
- **Minimalmedien**: enthalten lediglich die notwendigsten Bestandteile in definierter Form
- **Vollmedien**: enthalten neben den lebenswichtigen auch wachstumsfördernde Bestandteile
- **Komplexmedien**: Vollmedien mit nicht definierten Bestandteilen

---

Kultivierung von aeroben Mikroorganismen
- **Oberflächenkultur**: auf Oberfläche von Petrischalen oder in Schrägagarröhrchen
- **Deckenkultur**: Wachstum auf Oberfläche eines Flüssigmediums
- **Submerskultur**: Mikroorganismen homogen in Nährlösung verteilt
  - Durchlüftung durch Schütteln (bei kleinen Volumina) oder spezielles Begasungssystem (bei großen Volumina)

Kultivierung von anaeroben Mikroorganismen
- **Überimpfen** unter Sauerstoffausschluss, z. B. in Anaerobenkammer
- **in Flüssigmedium** unter sauerstofffreier Begasung und Zusatz von Reduktionsmittel
- **auf Festmedium** im Anaerobentopf unter sauerstofffreier Gasphase ∎

Hilfsmittel/Kultivierungsgefäße
- Einbringen des Inokulums in das Medium erfolgt mit ausgeglühter Impföse aus Platindraht oder sterilisierter Pasteur-Pipette bzw. Drigalski-Spatel
- Gefäße sollten gut sterilisierbar sein
- **Petrischalen**: flache Kunststoffschalen (mit Deckel) mit Festmedien
- oder, je nach Volumen und Wachstumsbedürfnissen: Reagenzgläser, Schraubverschlussflaschen, verschiedene Kolben etc.

! Auf Festmedium entsteht aus einer einzelnen Zelle durch Teilungen eine **Kolonie** mit charakteristischer Größe, Form, Farbe, Konsistenz und Oberfläche.
Bei hoher Populationsdichte entsteht durch Zusammenfließen der Kolonien ein **Bakterienrasen**.

Bioreaktor (Fermenter)

- Gefäß aus Glas oder Metall zur Kultivierung größerer Mengen Mikroorganismen bzw. zur Gewinnung von deren Produkten
- Bestandteile: Gefäß, Rührwerk, Begasungsanlage, Beheizung, Möglichkeit zur Probenentnahme, Mess- und Regeltechnik
- **Blasensäulenfermenter**: wird von unten mit Gas durchsprudelt und so durchmischt
- **Rührkesselreaktor**: wird durch internen Rührer durchmischt
- **Schlaufenreaktor (Airliftreaktor)**: von unten zugeführtes Gas strömt durch inneren Zylinder; der entstehende Sog fördert die Durchmischung

7.3.4 Messung von Wachstum und Vermehrung

Zellmasse

- Gewicht der in einem definierten Volumen gebildeten Zellsubstanz
- **Feuchtgewicht**: Gewicht der Zellmasse nach Abrennung vom Medium
- **Trockengewicht**: Gewicht der Zellmasse nach Abtrennung vom Medium und Wasserentzug

---

 Methoden zur Zellmassebestimmung

a. direkte Methoden

- Frischgewichtsbestimmung: Wiegen von filtrierter oder zentrifugierter Zellsuspension
- Trockengewichtsbestimmung: Wiegen von getrockneter filtrierter Zellsuspension
- Bestimmung des gesamten Protein-, Kohlenstoff- oder Stickstoffgehalts

b. indirekte Methoden

- Messung der optischen Dichte einer Suspension (in einem Photometer)

Zellzahl
- Anzahl der Zellen in einer Probe
- **Gesamtkeimzahl:** Zahl aller in einer Probe vorhandenen Zellen (auch tote)
- **Lebendkeimzahl:** Zahl aller lebenden bzw. vermehrungsfähigen Zellen

---

Methoden der Zellzahlbestimmung
- Verfahren zur direkten oder indirekten Bestimmung der Gesamt- bzw. Lebendkeimzahl

a. Gesamtkeimzahl
- **Zählkammer:** Auszählung eines definierten Volumens auf einem kalibrierten Objektträger unter dem Mikroskop
- **Coulter Counter:** elektrisches Zählgerät zur Messung von Leitfähigkeitsänderungen in einer Lösung (Änderung ist proportional zur Anzahl der enthaltenen Zellen)

b. Lebendkeimzahl
- meist ermittelt durch **Auszählen** gebildeter Kolonien auf einem Festmedium
- **Vitalfarbstoffe:** Zusatz von Farbstoffen zur Probe, die aktiv aufgenommen werden müssen, Auszählung gefärbter Zellen (= Lebendkeimzahl)
- **Spatelplattenverfahren:** Zugabe einer definierten Probenmenge auf Agarfläche, Verteilung mit Drigalski-Spatel, Inkubation, Auszählung gewachsener Kolonien
- **Kochsches Plattengussverfahren:** Vermischung der Probe mit flüssig gehaltenem Agarmedium in Petrischale, nach Erstarren Inkubation, Auszählung der gewachsenen Kolonien

Anreicherung und Isolierung von Mikroorganismen
- wichtig für Untersuchungen an einzelnen Mikroorganismen aus Mischkulturen
- **Mischkultur**: Kultur aus Mikroorganismen verschiedener Arten
- **Anreicherungskultur**: Förderung des Wachstums bestimmter Mikroorganismen einer Mischkultur, wenn diese in zu geringer Zahl vorhanden sind
- **Selektivmedien**: speziell zusammengesetzte Nährmedien, die nur das Wachstum bestimmter Organismen fördern, das anderer hemmen (enthalten oft auch Hemmstoffe)
- **Isolierung** von Arten aus Mischkulturen durch Verdünnungsausstrich
- **Verdünnungsausstrich**: fraktionierter Ausstrich einer Zellsuspension auf Agarfläche; Ziel: Erhalt einer Reinkultur
- **Reinkultur**: Population von Mikroorganismen ausschließlich einer Art; i. e. S. Nachkommen einer einzelnen Zelle (Klon)
- **Dauerkultur**: speziell behandelte Kulturen von Mikroorganismen zur Langzeitaufbewahrung
  - Methoden: z. B. Tiefgefrieren, Gefriertrocknung (Lyophilisation)

7.4 Identifizieren von Mikroorganismen

Da es kaum morphologische Unterscheidungsmerkmale gibt, erfolgt der Nachweis charakteristischer Eigenschaften mit unterschiedlichen Methoden.

! Gramfärbung

Färbeschritt	grampositive Bakterien	gramnegative Bakterien
vor der Färbung	farblos	farblos
1. Färbung (Gentianaviolett)	blau	blau
nach Behandlung mit Alkohol	blau	farblos
nach Gegenfärbung (Safranin)	blau	rot

- **Kultivierung:** Vermehrung des verfügbaren Materials und Ermitteln von Nährstoffansprüchen und Sauerstofftoleranz
- **Unterscheidung nach morphologische Kriterien:** Zellform, Kolonieform, Beweglichkeit, Begeißelungsart, Endosporen, Gramfärbung
- **Unterscheidung nach physiologischen Kriterien:** Stoffwechselreaktionen – Wachstum auf verschiedenen Selektivmedien oder differenzierenden Medien (die Stoffwechselreaktionen sichtbar machen → Bunte Reihe)
- **Bestimmung der Pathogenität:** durch Zellkulturen oder Tierversuche
- **chemische Analyse der Zellbestandteile:** Lipide, Proteine, Nucleinsäuren
- **molekulare Methoden:** Sequenzanalyse von Proteinen und Nucleinsäuren
  - GC-Gehalt, PCR, Southern-Hybridisierung, RFLP

Mit der **Polymerasekettenreaktion (PCR)** können auch Mikroorganismen identifiziert werden, die nicht kultivierbar sind. Durch die beliebige Vermehrung der Nucleinsäure reicht auch eine sehr geringe Menge Ausgangsmaterial, etwa die DNA einer einzelnen Zelle.

Restriktionsfragment-Längenpolymorphismus (RFLP)
- Identifizierungsmerkmal verschiedener Subtypen innerhalb von Spezies
- Restriktionsenzyme zerschneiden die DNA in Bruchstücke charakteristischer Länge
- Auftrennung der Bruchstücke durch Gelelektrophorese

7.5 Sicherheitsbestimmungen

Da viele Mikroorganismen Schäden hervorrufen oder sogar tödlich sein können, gibt es für den Umgang **Sicherheitsbestimmungen**.
- Vorschriften für das Arbeiten in mikrobiologischen Labors
- abhängig von der Klassifizierung eine Mikroorganismus in eine der vier Sicherheitsstufen
- Grundsätze der Guten Laborpraxis
- Gentechikgesetz und Gentechnik-Sicherheitsverordnung
- Bundesseuchengesetz für Arbeit mit Krankheitserregern

8. Energiestoffwechsel der Mikroorganismen

Energie- und Stoffumsatz ist eine grundlegende Eigenschaft des Lebens, so auch von Mikroorganismen, die sich durch sehr vielfältige Stoffwechselleistungen auszeichnen.

Die Chemie des Lebens ist in Stoffwechselwegen organisiert

☐ *gelernt (Campbell S. 104)*

! Der **Stoffwechsel (Metabolismus)** umfasst die Gesamtheit der Lebensprozesse einer Zelle und besteht aus Energiestoffwechsel und Leistungsstoffwechsel.

a. Energiestoffwechsel:
- Gesamtheit der Stoffwechselwege, die der Energiebereitstellung in der Zelle dienen
- liefert Energie und Reduktionsäquivalente für den Leistungsstoffwechsel
- **Katabolismus**: Abbau organischer Verbindungen im Energiestoffwechsel

b. Leistungsstoffwechsel:
- Gesamtheit aller Energie verbrauchenden Prozesse in einer Zelle: Baustoffwechsel, Transport, Wahrnehmung, Bewegung
- **Anabolismus (Baustoffwechsel)**: Aufbau von körpereigener Substanz aus Nährstoffen im Leistungsstoffwechsel
- benötigt Energie in Form von **ATP** und **elektrochemischen Potenzialdifferenzen**
- **NADPH** liefert Reduktionsäquivalente

Organismen wandeln Energie um

☑ *gelernt (Campbell S. 104)*

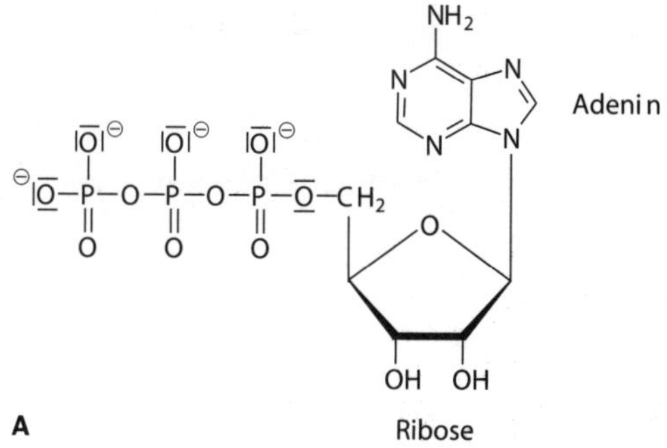

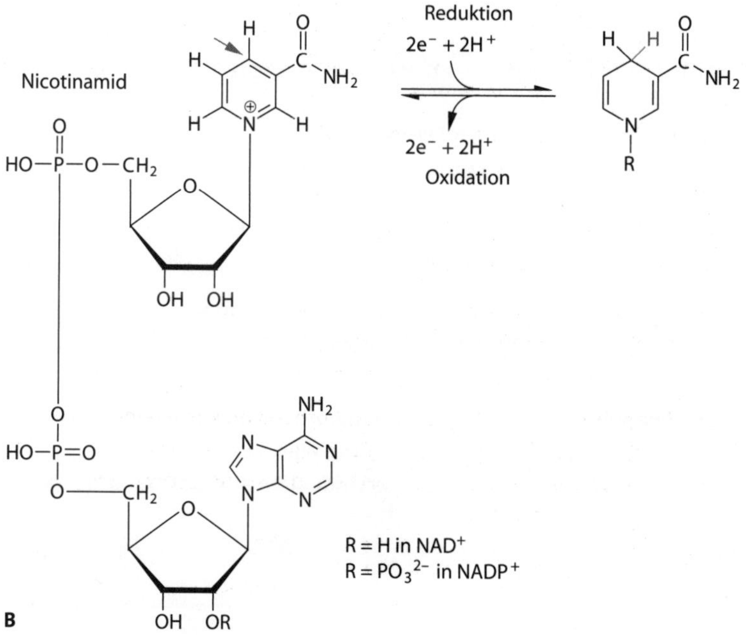

Abb. 8.1: Struktur von ATP (Adenosintriphosphat) (A) sowie von NAD/NADH und NADP/NADPH (Nicotinamiddinucleotide) (B).

! **Speicher für Energie und Reduktionsäquivalente:**

ATP (Adenosintriphosphat) (Abb. 8.1 A)
- Energiewährung der Zelle
- aktiviert andere Verbindungen durch Übertragung der terminalen Phosphatgruppe

elektrochemische Potenzialdifferenzen an Membranen
- werden durch Ionen pumpende Proteine in Membranen aufgebaut
- durch Ionenrückfluss wird Energie verfügbar

NAD/NADH, NADP/NADPH (Nicotinamiddinucleotide) (Abb. 8.1 B)
- Elektronenüberträger der Zelle
- gespeicherte Elektronen besitzen hohe Reduktionskraft

8.1 Die Stoffwechselvielfalt von Mikroorganismen

Unterscheidung nach **Art der Energiequelle:**
- **Phototrophe**: Konservierung von Lichtenergie in Form energiereicher Verbindungen
- **Chemotrophe**: Konservierung von chemischer Energie in Form energiereicher Verbindungen

Unterscheidung nach **Elektronendonor für Reduktion:**
- **Lithotrophe**: anorganischer Elektronendonor
- **Organotrophe**: organische Verbindungen als Elektronendonor

Unterscheidung nach **Herkunft des Kohlenstoffs für Baustoffwechsel**:
- **Autotrophe**: v. a. CO_2 als Kohlenstoffquelle
- **Heterotrophe**: v. a. organische Verbindungen als Kohlenstoffquelle

! **Phototrophie**
- Wachstum mit Sonnenlicht als Energiequelle
- Umwandlung von Lichtenergie in chemische Energie durch (oxygene oder anoxygene) **Photosynthese** oder **Photophosphorylierung**

- **Photolithotrophe**: anorganischer Elektronendonor wie H_2O, H_2S, S^0, H_2
- **Photoorganotrophe**: organische Verbindungen als Elektronendonor

Cyanobakterien nutzen wie Pflanzen Wasser als Elektronendonor, sodass im Lauf der (oxygenen) Photosynthese Sauerstoff entsteht. Alle andere phototrophen Prokaryoten bilden keinen Sauerstoff (anoxygene Photosynthese).

Chemotrophie
- Wachstum mit chemischer Energiequelle
- Umwandlung von chemischer Energie in elektrochemische und chemische Energie
- Katalyse einer **Redoxreaktion**: Oxidation eines Elektronendonors und Reduktion eines Elektronenakzeptors

- **Chemolithotrophe**: anorganischer Elektronendonor wie H_2, Ammoniak, Nitrit etc.
  - Elektronenakzeptor meist Sauerstoff, selten Sulfat oder Nitrat
- **Chemoorganotrophe**: organischer Elektronendonor
  - Elektronenakzeptor Sauerstoff, organische oder anorganische Verbindung
- **Mixotrophe**: nutzen anorganischen Elektronendonor und organische Kohlenstoffquelle (Chemolithoheterotrophe)

Chemolithotrophe finden sich ausschließlich bei den Prokaryoten.

8.2 Thermodynamische Grundlagen

Die Energieumwandlungen der Lebensprozesse gehorchen zwei Gesetzen der Thermodynamik

(Campbell S. 105) gelernt ☐

Die **Thermodynamik** beschreibt, ob ein Prozess spontan abläuft oder nicht und wie groß der Energieumsatz dabei ist, macht aber keine Aussage über die Geschwindigkeit des Prozesses.

1. Hauptsatz der Thermodynamik (Energieerhaltungssatz)
- die Gesamtenergie eines Systems ist konstant
- alle Energieformen sind ineinander umwandelbar → Energie wird nicht vernichtet oder neu gebildet

2. Hauptsatz der Thermodynamik
- die Entropie eines Systems strebt einem Maximum zu

Entropie (S)
- Maß für den Ordnungszustand eines Systems
- je größer die Entropie, desto höher ist die Unordnung des Systems

Organismen leben von freier Energie, die sie ihrer Umgebung entziehen

gelernt (Campbell S. 107)

Freie Energie (G)
- Maß für die Entropiezunahme des Universums

Änderung der Freien Energie (ΔG)
- wird angegeben durch die **Gibbs-Helmholtz-Gleichung** aus Enthalpie (H), Entropie (S) und Temperatur (T) eines Systems bei konstantem Druck:
  $$\Delta G = \Delta H - T\,\Delta S$$
- $\Delta G < 0$: **exergonische Reaktion**
  - läuft spontan ab, liefert Energie zur Verrichtung von Arbeit
- $\Delta G > 0$: **endergonische Reaktion**
  - läuft nicht spontan ab, Energie muss zugeführt werden
- $\Delta G = 0$: Reaktion hat das **Gleichgewicht** erreicht

Enthalpie (H)
- maximale Wärmemenge, die ein System bei einer Reaktion unter konstantem Druck aufnehmen oder abgeben kann
- $\Delta H < 0$: **exothermer Prozess**
  - setzt Wärme frei
- $\Delta H > 0$: **endothermer Prozess**
  - System nimmt Wärme aus der Umgebung auf

Standardbildungsenergie
- Änderung der freien Energie bei der Bildung einer Substanz aus ihren Elementen unter Standardbedingungen

Standardbedingungen laut Definition (zum Vergleich der ΔG-Werte verschiedener Reaktionen):
- Temperatur T = 298 K (25 °C)
- Druck p = 1 bar
- Konzentration der Reaktionspartner = 1 mol/Liter.

Redoxreaktionen liefern Energie, indem Elektronen auf elektronegativere Atome übergehen

(Campbell S. 186) gelernt ☐

Redoxreaktionen
- Übertragung von Elektronen von einem Elektronendonor auf einen Elektronenakzeptor
- **Oxidation**: Entzug von Elektronen
- **Reduktion**: Aufnahme von Elektronen

Redoxpotenzial (E)
- Maß für die Elektronenaffinität einer Substanz – die Neigung Elektronen aufzunehmen oder abzugeben
- Elektronenfluss erfolgt in Richtung des positiveren Redoxpotenzials
- **Standardredoxpotenzial (E$_0$)**: bei Standardbedingungen (25 °C; pH 0; 1 mol/Liter)
  - bei Bezug auf pH 7 als E$_0$' bezeichnet
- Redoxpotenzial unter Nicht-Standardbedingungen berechnet sich nach der **Nernst-Gleichung**:

$$E = E_0 + \frac{RT}{n_eF} \ln \frac{C_{ox}}{C_{red}}$$

n_e = Anzahl der übertragenen Elektronen (mol)
F = Faraday-Konstante (96,5 kJ V^{-1} mol^{-1})
C_{red} = Konzentration der reduzierten Form des Redoxpaares
C_{ox} = Konzentration der oxidierten Form des Redoxpaares

- die freie Energie einer Redoxreaktion ist proportional zur Redoxpotenzialdifferenz der Reaktionspartner

Freie Energie elektrochemischer Potenziale

- **chemische Potenzialdifferenz** ($\Delta\mu$): Konzentrationsdifferenz zwischen zwei Kompartimenten für eine chemische Verbindung (unabhängig von der Ladung)
- **elektrische Potenzialdifferenz** ($\Delta\rho$): Ladungsdifferenz zwischen zwei Kompartimenten
- **elektrochemische Potenzialdifferenz** ($\Delta\mu^*$): elektrische und chemische Potenzialdifferenz zwischen zwei Kompartimenten
- **Membranpotenzial**: elektrische Potenzialdifferenz über einer Membran (z. B. Cytoplasmamembran bei Prokaryoten), aufgebaut durch den Transport von Ionen

Manche Ionenpumpen erzeugen an der Membran ein elektrisches Potenzial

☐ *gelernt (Campbell S. 175)*

8.3 Mechanismen der Energiekonservierung

!
- **Energiekonservierung**: Kopplung eines exergonischen Prozesses mit einer endergonischen Reaktion
- als Energielieferant wird meist die freie Energie von **Redoxreaktionen** genutzt, aber auch Lichtenergie
- Kopplung der Redoxreaktion mit der Aufladung des **Adenylatsystems** (Phosphorylierung von ADP zu ATP) und/oder dem Aufbau einer **protonenmotorischen Kraft** zur Energiekonservierung

- **Wirkungsgrad**: Verhältnis des konservierten zum maximal verfügbaren Energiebetrag

!
Gärung (Fermentation)
- unvollständige Oxidation eines Energiesubstrats bei Fehlen eines externen Elektronenakzeptors (O_2) oder einer vollständigen Elektronentransportkette
- Übertragung der entstandenen Reduktionsäquivalente auf einen internen Elektronenakzeptor (meist ein Abbauprodukt der Oxidation)
- ATP-Synthese erfolgt in der Regel über Substratstufenphosphorylierung

Zellatmung und Gärung sind katabole (Energie liefernde) Stoffwechselprozesse

(Campbell S. 185) gelernt ☐

Atmung ❗

- Oxidation eines Energiesubstrats gekoppelt mit einer Reduktion eines externen Elektronenakzeptors
- ATP-Synthese erfolgt auch über Substratstufenphosphorylierung, v. a. aber über Elektronentransportphosphorylierung

a. aerobe Atmung

- Übertragung der Elektronen auf O_2 als terminalen Elektronenakzeptor
- bei allen Eukaryoten und vielen Prokaryoten

b. anaerobe Atmung

- Übertragung der Elektronen auf andere externe Elektronenakzeptoren als O_2 (z. B. NO_3^{2-}, NO_2^-, SO_4^{2-}, Fumarat)
- bei einigen Prokaryoten

Adenylatsystem

- Funktion von ATP als Energiespeicher der Zelle und seine Synthese
- Synthese: reversible **Phosphorylierung** von ADP:
  $ADP + P_i + H^+ \rightleftharpoons ATP + H_2O$

ATP treibt die zelluläre Arbeit an, indem es exergonische an endergonische Teilreaktionen koppelt

(Campbell S. 111) gelernt ☐

Protonenmotorische Kraft (PMK) Δp

- bei Prokaryoten besteht elektrochemische Potenzialdifferenz zwischen Cytoplasma und extrazellulärem Raum
- Nutzung eines gerichteten Elektronentransports in der Membran zur Translokation von Ionen
- besteht aus **Ionengradient** (H^+ oder Na^+) und elektrischem **Membranpotenzial**
- treibende Kraft für die ATP-Synthese bei der Elektronentransportphosphorylierung
- Nutzung für aktive Transportprozesse, bakterielle Geißelbewegung und Erzeugung von NADPH
- angegeben in Volt

Substratstufenphosphorylierung (SSP, Substratkettenphosphorylierung)
- Energiekonservierung durch direkte Verknüpfung einer stark exergonischen Reaktion beim Abbau organischer Verbindungen mit der Phosphorylierung von ADP zu ATP
- Übertragung der Phosphorylgruppe auf ADP erfolgt über phosphoryliertes Intermediat (energiereiche Verbindung)
- z. B. GAP-DH-Reaktion der Glykolyse

energiereiche Verbindungen
- Verbindungen mit hohem Gruppenübertragungspotenzial
- freie Energie der Hydrolyse der zu übertragenden Gruppe ist gleich oder größer als die der Hydrolyse von ATP
- speichern und übertragen chemische Energie für den Ablauf endergonischer Reaktionen
- z. B. Phosphorsäureanhydride (ATP), Acylphosphate (Acetylphosphat, 1,3-Biphosphoglycerat), Enolphosphate (Phosphoenolpyruvat), Thioester (Coenzym A)

Elektronentransportphosphorylierung (ETP)
- Energiekonservierung durch Aufbau einer **protonenmotorischen Kraft (PMK)** durch gerichteten Elektronentransport in einer Membran
- Elektronen stammen aus Redoxreaktionen des Energiestoffwechsels
- Transport der Elektronen vom Elektronendonor über Komponenten einer Elektronentransportkette zum Elektronenakzeptor
- **chemiosmotische Kopplung** (Verknüpfung von Energie bereitstellender und Energie benötigender Reaktion) zwischen Redoxreaktion und ATP-Synthese über die PMK
- Nutzung der PMK zur ATP-Synthese über membrangebundene ATP-Synthase

F_1F_0-ATPase (ATP-Synthase)
- ATP synthetisierendes, membrangebundenes Enzym
- kommt in Prokaryoten und eukaryotischen Organellen vor
- besteht aus zwei Domänen: Ionenkanal (F_0-Domäne) und ATP-Syntheseeinheit (F_1-Domäne)
- überführt die im transmembranalen Ionengradienten gespeicherte Energie in ATP (nutzt freie Energie der PMK zur Phosphorylierung von ATP)
- Kopplung der ATP-Synthese mit der Translokation von Ionen durch den Ionenkanal F_0
- je nach Art H^+ oder Na^+
- katalysierte als ATPase die Hydrolyse von ATP zum Aufbau eines Ionengradienten

Die innere Mitochondrienmembran koppelt Elektronentransport und ATP-Synthese

(Campbell S. 195) gelernt ☐

Bereitstellung der Elektronen für den Elektronentransport
- erfolgt abhängig von der Form des Energiestoffwechsels eines Organismus unterschiedlich
- bei **Phototrophen** entsteht Elektronendonor durch Absorption von Licht durch Pigmente
- bei **Chemolithotrophen** schleusen **membranständige Dehydrogenasen** Elektronen direkt in Elektronentransportkette ein
- bei **Chemoorganotrophen** übertragen **lösliche Dehydrogenasen** Elektronen zusammen mit Protonen (als Reduktionsäquivalente) primär auf NAD$^+$

Dehydrogenasen
- übertragen Reduktionsäquivalente (Elektronen plus Protonen)
- **Hydrogenase**: membranständige Dehydrogenase, die Elektronen von molekularem Wasserstoff einschleust
- Reoxidation von NADH erfolgt durch **membranständige NADH-Dehydrogenase**

Reduktionsäquivalente
- Elektronen plus Protonen (H = 1 e$^-$ plus 1 H$^+$)
- können von organischem Donor auf NAD$^+$ übertragen werden

Komponenten von Elektronentransportketten
a. Oxidoreductasen
- Proteinkomplexe in Membranen, die in Elektronentransportketten Elektronen von einem Donor zum Akzeptor transportieren
- tragen häufig prosthetische Gruppen (z. B. Häm-Gruppe), darunter reine Elektronenüberträger und solche, die Elektronen plus Protonen (Wasserstoffatome) übertragen
b. Redoxmediatoren
- bewegliche Komponenten in Membranen, die Elektronen zwischen membrangebundenen Elektronentransportproteinen transportieren
- Vermittlung von Elektronentransport zwischen Dehydrogenase und Oxidase/Reductase
- meist Chinone oder Cytochrom c

Aufbau der protonenmotorischen Kraft
- Wandlung der freien Energie der Redoxreaktion in freie Energie des elektrochemischen Potenzials

Drei Mechanismen zur Translokation von Protonen:

a. Protonenpumpe
- Proteinkomplex, der aktiv Protonen plus Elektronen über Membran transportiert
- z. B. NADH-Dehydrogenase der Atmungskette in Mitochondrien

b. Redoxschleife
- Elektronentransport von einem reinen Elektronenüberträger zum anderen über ein Chinon
- Reduktion/Oxidation des Chinons/Hydrochinons auf verschiedenen Membranseiten
- z. B. Q-Zyklus zwischen Chinon und Cytochrom-bc_1-Komplex

c. unterschiedliche Orientierung der Substratbindungsstellen von Dehydrogenase und Reductase/Oxidase

Revertierter Elektronentransport
- Elektronentransport in Richtung eines negativen Redoxpotenzials
- benötigt Energiezufuhr
- sorgt für Reduktionsäquivalente in Form von NADPH

8.4 Phototrophe Mikroorganismen

Die Photosynthese entstand in der Stammesgeschichte der Prokaryoten schon sehr früh

☐ *gelernt (Campbell S. 636)*

❗ Photosynthese
- Umwandlung der Energie des Sonnenlichts in chemische Energie und elektrochemische Energie – Konservierung in Form von ATP und Reduktionsäquivalenten (NADPH + H^+)

- **photosynthetische Membranen**: bei grünen Pflanzen und Algen in Chloroplasten, bei Prokaryoten in intrazellularen Membransystemen oder in der Cytoplasmamembran
- **Licht absorbierende Pigmente** und eine Elektronentransportkette führen zum Aufbau einer protonenmotorischen Kraft, die von ATP-Synthasen zur Synthese von ATP genutzt werden

Formen der Photosynthese: !

	anoxygene Photosynthese	oxygene Photosynthese
Vorkommen	Purpurbakterien, Grüne Bakterien, Heliobakterien	alle phototrophen Eukaryoten (grüne Pflanzen, Algen), Cyanobakterien
Photopigmente	Bakteriochlorophylle, Carotinoide	Chlorophylle a und b (bei grünen Pflanzen und Algen); nur Chlorophyll a (bei Cyanobakterien); zusätzlich Phycobiline (auch bei Rotalgen)
Photosysteme	ein Photosystem erzeugt Protonengradienten und Reduktionsäquivalente (NADPH)	Photosystem I erzeugt Reduktionsäquivalente (NADPH), Photosystem II den Protonengradienten
Elektronentransport	v. a. zyklisch	offenkettig/linear (Erzeugung von ATP und NADPH) oder zyklisch (nur Bildung von ATP)
Elektronendonoren	reduzierte Schwefelverbindungen, H_2, Fe^{2+}, organische Substanzen	H_2O
Sauerstoffbildung	nein	ja, durch Photolyse (lichtinduzierte Spaltung von H_2O)

Anoxygene phototrophe Bakterien

a. *Purpurbakterien*
- Chromatiaceae: Elektronendonor v. a. H_2S, Schwefelablagerung intrazellulär
- Rhodospirillaceae: Wachstum photoautotroph, chemoorganotroph (Gärung) oder aerobe Atmung

b. *Grüne Bakterien*
- Chlorobiaceae: strikt anaerob, obligat phototroph, Elektronendonor v. a. H_2S
- *Chloroflexus*: wächst v. a. photoheterotroph

c. *Heliobakterien*
- Wachstum strikt anaerob photoheterotroph
- grampositiv, einige bilden Endosporen

Photosynthetische Pigmente
- **Chlorophylle a und b**: zyklische Tetrapyrrole mit Magnesiumion im Zentrum
- **Bakteriochlorophyll**
- **Antennenpigmente**: Carotinoide, Phycobiline

Antennenkomplex (light harvesting complex)
- Aggregate aus proteingebundenen Antennenpigmenten

Reaktionszentrum
- Ort der Anregung durch elektromagnetische Strahlung bei der Photosynthese
- enthält ein Chlorophyll/Bakteriochlorophyll, dem durch Lichtenergie ein Elektron entzogen wird
- **Typ-I-Reaktionszentren**: reduzieren ein Eisen-Schwefel-Zentrum
- **Typ-II-Reaktionszentren**: reduzieren ein Chinon

Chlorosomen
- beinhalten den größten Teil der Antennenpigmente bei Grünen Bakterien
- umgeben von einfacher Lipidschicht

Phycobilisomen
- Aggregate von Phycobiliproteinen bei Cyanobakterien (und Rotalgen)

Bei dem zu den Archaea gehörenden *Halobacterium salinarum* verläuft die ATP-Synthese statt über Chlorophyll über **Bakteriorhodopsin** als lichtgetriebene Protonenpumpe; dieses wird unter anaeroben Bedingungen gebildet und trägt als Chromophor ein Retinal. ∎

Die Lichtreaktionen und der Calvin-Zyklus wirken zusammen und setzen Lichtenergie in die chemische Energie der Nährstoffe um

(Campbell S. 213) gelernt ☐

8.5 Chemolithotrophe Bakterien

- nutzen anorganischen Elektronendonor im Energiestoffwechsel
- ATP-Synthese meist über Elektronentransportphosphorylierung (Ausnahme: einige Schwefeloxidierer über Substratstufenphosphorylierung)
- Elektronenakzeptor vielfach Sauerstoff

Typen	Elektronendonor / Oxidation
Wasserstoffoxidierer (Knallgasbakterien)	oxidieren H_2 zu H_2O
Kohlenmonoxidoxidierer	oxidieren CO zu CO_2
Schwefeloxidierer	oxidieren S^0 und Schwefelverbindungen zu $SO_4^{2-} + H^+$
Eisenoxidierer (Eisenbakterien)	oxidieren Fe^{2+} zu Fe^{3+}
Nitirifizierer (Ammonium und Nitrit oxidierende Bakterien) – **Nitrosobakterien** – **Nitrobakterien**	– oxidieren NH_4^+ zu NO_2^- – oxidieren NO_2^- zu NO_3^-

8.6 Chemoorganotrophe Bakterien

- nutzen freie Energie aus der Oxidation organischer Verbindungen
- sorgen für die Rückführung organischer Verbindungen in anorganische (**Mineralisation**)
- betreiben Atmung oder Gärung

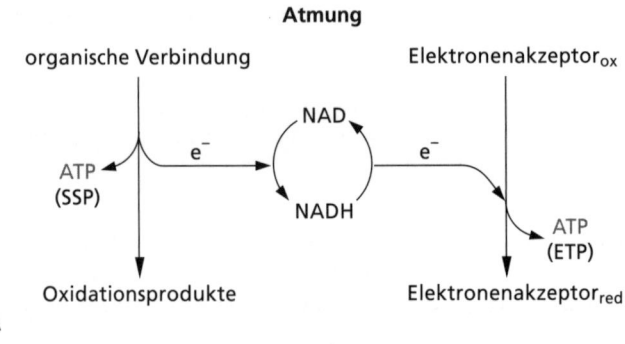

Abb. 8.2: Gegenüberstellung von Atmung (A) und Gärung (B): Energiekonservierung und Ausgleich der Redoxbilanz.

Durch die Zellatmung werden für jedes oxidierte Glucosemolekül zahlreiche ATP-Moleküle gebildet

☐   *gelernt (Campbell S. 199)*

> **Atmung** (Abb. 8.2A)
> - externe Elektronenakzeptoren wie Sauerstoff, Nitrat oder Sulfat
> - Energiekonservierung durch Substratstufenphosphorylierung (SSP) und Elektronentransportphosphorylierung (ETP)
>
> **Gärung** (Abb. 8.2B)
> - Abbauprodukte oxidierter organischer Verbindungen als Elektronenakzeptor
> - Energiekonservierung nur durch Substratstufenphosphorylierung (SSP)

Durch Gärung können manche Zellen auch ohne Sauerstoff ATP bilden

(Campbell S. 201) gelernt ☐

Syntrophe Bakterien
- überwiegend gärende Bakterien
- oxidieren organische Säuren unter Bildung von Wasserstoff zu Acetat
- angewiesen auf Kooperation mit einem Mikroorganismus, der Wasserstoff verwertet (i. d. R. ein methanogenes Bakterium)

8.6.1 Zentrale Stoffwechselwege zur Oxidation organischer Verbindungen

- Kohlenhydrate und andere organische Verbindungen liegen v. a. als Polymere vor, die zunächst durch extrazelluläre hydrolytische Enzyme in Monomere gespalten werden
- diese werden dann in der Cytoplasmamembran in die zentralen katabolen Stoffwechselwege eingeschleust

Abbauwege für Glucose bei Bakterien:

Abbauweg	Schlüsselenzym	Energiegewinn pro Mol Glucose
Glykolyse (Embden-Meyerhoff-Parnas-Weg)	Fructose-bisphosphat-Aldolase	2 Mol ATP
Entner-Doudoroff-Weg	KDPG-Aldolase	1 Mol ATP
Phosphoketolase-Weg	Phosphoketolase	1 Mol ATP

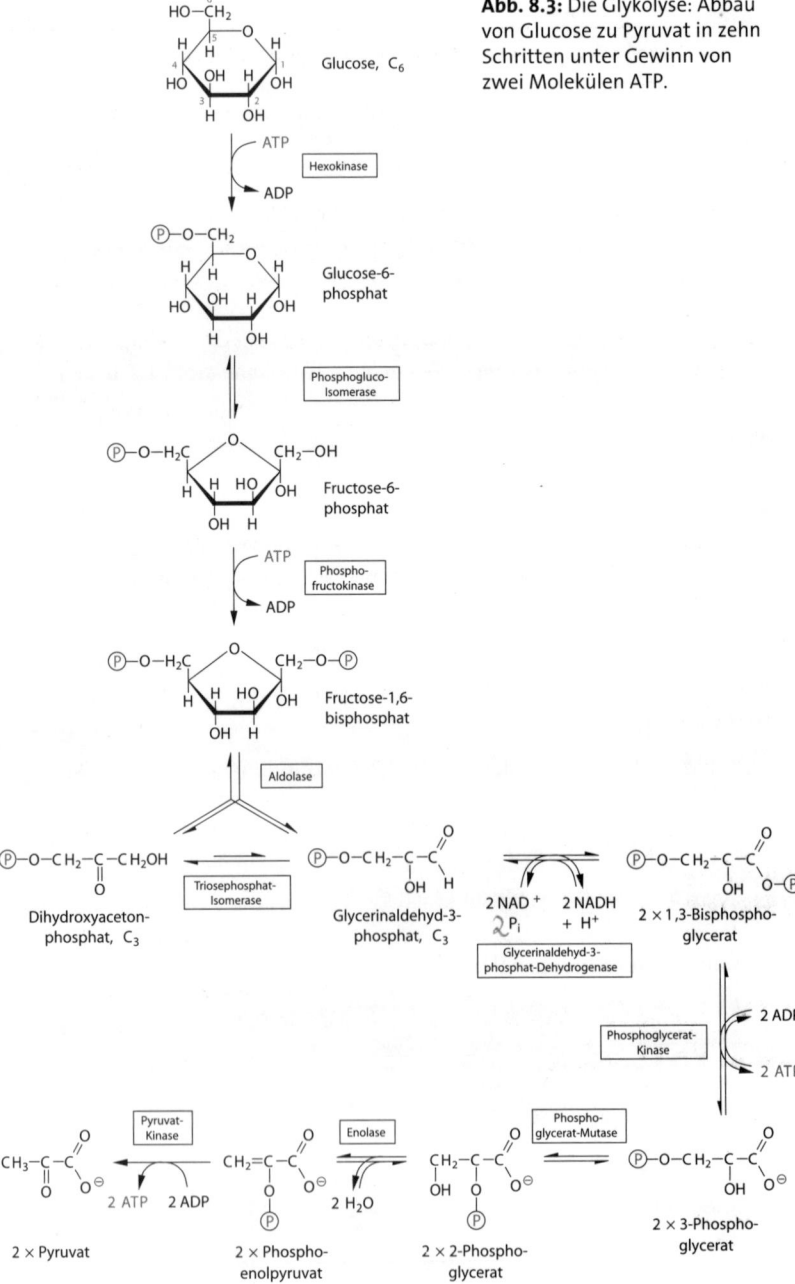

Abb. 8.3: Die Glykolyse: Abbau von Glucose zu Pyruvat in zehn Schritten unter Gewinn von zwei Molekülen ATP.

*In der Glykolyse wird Energie durch die Oxidation von Glucose zu
Pyruvat freigesetzt*

(Campbell S. 191) gelernt ☐

Glykolyse (Abb. 8.3) ❗
- verbreitetster Abbauweg für Glucose bei Bakterien
- Energiekonservierung durch Substratstufenphosphorylierung
- aus 1 Mol Glucose (C_6) entstehen über zehn enzymatische Schritte 2 Mol Pyruvat (C_3)
- dabei werden 2 Mol ATP aufgewendet und 4 Mol ATP gebildet
- **Bilanz:**
  Glucose + 2 NAD + 2 ADP + 2 P_i → 2 Pyruvat + 2 NADH + 2 H^+ + **2 ATP**

Entner-Doudoroff-Weg
- nach Intermediat auch als 2-Keto-3-desoxy-6-phosphogluconat-Weg bezeichnet
- kataboler Stoffwechselweg vieler Bakterien (z. B. Rhizobien, *Zymomonas*)
- **Bilanz:**
  Glucose + 2 NAD(P)$^+$ + ADP + P_i → 2 Pyruvat + 2 NAD(P)H + **ATP**

Phosphoketolase-Weg
- bei heterofermentativen Milchsäurebakterien
- **Bilanz:**
  Glucose + 3 NAD$^+$ + ADP + P_i → Pyruvat + Acetylphosphat + CO_2 + 3 NADH + **ATP**

*Der Citratzyklus vervollständigt die Energie liefernde Oxidation
organischer Moleküle*

(Campbell S. 194) gelernt ☐

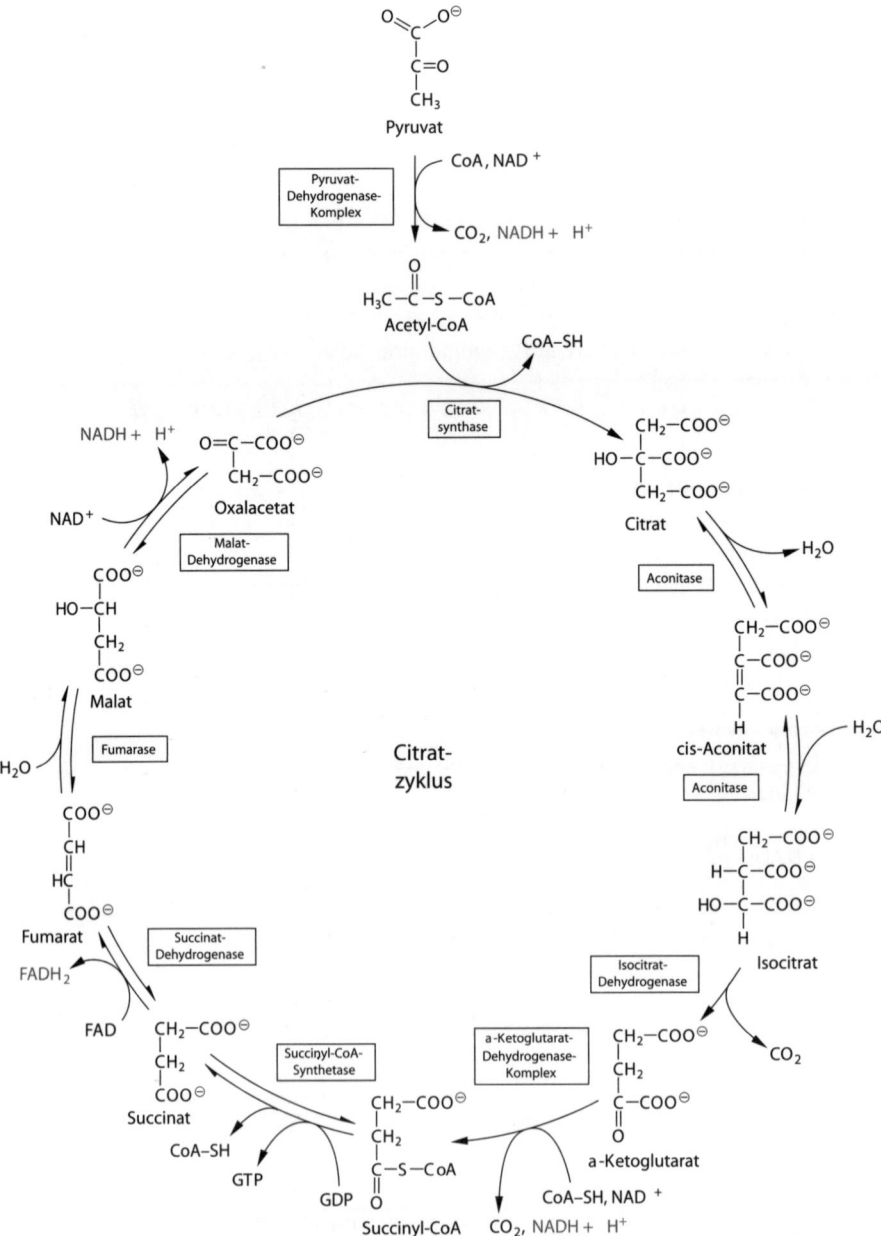

Abb. 8.4: Vollständige Oxidation von Pyruvat zu CO_2 durch Pyruvat-Dehydrogenase und Citratzyklus.

Oxidation von Pyruvat zu CO_2 (Abb. 8.4) **!**
- für vollständige Oxidation von Pyruvat zu CO_2 sind Pyruvat-Dehydrogenase und vollständiger Citratzyklus erforderlich
- erfolgt nur in Anwesenheit von Sauerstoff

Pyruvat-Dehydrogenase
- katalysiert oxidative Decarboxylierung von Pyruvat
- dabei entstehen Acetyl-CoA und CO_2

Citratzyklus (Tricarbonsäurezyklus)
- zyklische Abfolge von Reaktionen, ausgehend von Oxalacetat und Acetyl-CoA
- Oxalacetat wird regeneriert
- pro Mol Acetyl-CoA entstehen zwei Mole CO_2
- außerdem als Reduktionsäquivalente $NADH + H^+$ und $FADH_2$
- als Vorstufen für Biosynthesen entstehen z. B. Ketoglutarat und Oxalcaetat (für Glutamatfamilie bzw. Aspartatfamilie der Aminosäuren)

β-Oxidation von Fettsäuren
- kataboler Stoffwechselweg im Cytoplasma
- stufenweiser Abbau langkettiger Fettsäuren zu Acetyl-CoA
- gewöhnlich unter Anwesenheit von Sauerstoff
- Erzeugung von Reduktionsäquivalenten: ETF (*electron transfer flavoprotein*) und $NADH + H^+$
- Aktivierung der Fettsäure durch Bindung an CoA unter ATP-Verbrauch
- oxidative Abspaltung von C_2-Einheiten als Acetyl-CoA vom Carboxyl-ende der Fettsäuren in vier Reaktionen: Oxidation, Hydratisierung, Oxidation, Thiolyse

8.6.2 Aerobe Atmung

- **Sauerstoff** als bevorzugter Elektronenakzeptor: besitzt hohes **!** Redoxpotenzial
- vollständige Oxidation von Glucose zu CO_2:
  $C_6H_{12}O_6 + 6 O_2 \rightarrow 6 CO_2 + 6 H_2O$
- dabei frei werdende Energie v. a. über Elektronentransport-phosphorylierung zur ATP-Synthese genutzt

Elektronentransportkette

- in Membran lokalisierte Reihe membrangebundener mobiler Elektronencarrier
- Anordnung der Komponenten immer in Richtung ansteigender (positiverer) E_0'-Werte
- Transport von Elektronen oder Elektronen plus Protonen
- **linearer Elektronentransport**: auf terminalen Elektronenakzeptor (z. B. O_2 in der Atmungskette)
- **zyklischer Elektronentransport**: zurück zum Elektronendonor (z. B. anoxygene Photosynthese)
- bei aeroben Bakterien zwei verschiedene Formen:
  - ohne Cytochrom c und Cytochrom-bc_1-Komplex (z. B. *E. coli*)
  - mit Cytochrom c und Cytochrom-bc_1-Komplex (wie in Mitochondrien, z. B. *Paracoccus denitrificans*)
- **Elektronen/Protonen-Stöchiometrie**: Anzahl der für jedes transportierte Elektron über die Membran translozierten Protonen

8.6.3 Anaerobe Atmung

- andere Elektronenakzeptoren als Sauerstoff, z. B. Nitrat, Sulfat, CO_2

dissimilatorische Reduktion

- membrangebundene Reduktion des Substrats
- Produkte werden ausgeschieden
- gewöhnlich mit ETP verbunden

assimilatorische Reduktion

- Reduktion des Substrats im Cytoplasma
- Produkte werden in Zellmaterial eingebaut
- gewöhnlich nicht mit ETP verbunden

Nitratatmung (dissimilatorische Nitratreduktion)

- Oxidation organischer Verbindungen mit Nitrat als terminalem Elektronenakzeptor
- 1. Schritt: Reduktion von Nitrat zu Nitrit:
  $NO_3^- + 2\,e^- + 2\,H^+ \rightarrow NO_2^- + H_2O$
- **Ammonifikation**: Reduktion von Nitrit zu Ammoniumionen (NH_4^+)
  - z. B. Enterobakterien, Staphylokokken
- **Denitrifikation**: Reduktion von Nitrit zu molekularem Stickstoff (N_2) (über Stickstoffmonoxid und Distickstoffoxid)
  - z. B. *Pseudomonas*-Arten
- Energiekonservierung über ETP

Fumaratatmung
- Oxidation organischer Verbindungen mit Fumarat als terminalem Elektronenakzeptor
- entstehendes Succinat wird ausgeschieden
- Energiekonservierung über ETP

Acetogenese
- Reduktion von CO_2 zu Acetat mit H_2 oder organischen Verbindungen als Elektronendonor
- Energiekonservierung über ETP und SSP
- bei homoacetogenen Bakterien über den Acetyl-CoA-Weg, z. B. *Acetobacterium woodii*

Acetyl-CoA-Weg
- Bildung von Acetat aus 2 CO_2 und 4 H_2:
  $$2\,CO_2 + 4\,H_2 \rightarrow CH_3COOH + 2\,H_2O$$
- ein CO_2 wird zur Methylgruppe, das andere zur Carbonylgruppe reduziert
- Schlüsselenzym: **Kohlenmonoxid-Dehydrogenase** (enthält Fe, Co und Ni)
- Autotrophe nutzen Acetyl-CoA-Weg zur CO_2-Assimilation
- bei Acetatoxidierern erfolgen die Reaktionen in umgekehrter Reihenfolge

Methanogenese
- Bildung von Methan durch Reduktion von CO_2 oder anderen C_1-Verbindungen:
  $$CO_2 + 4\,H_2 \rightarrow CH_4 + 2\,H_2O$$
- oder durch Spaltung von Acetat zu CO_2 und CH_4 (Disproportionierung):
  $$CH_3COO^- + H_2O \rightarrow CH_4 + HCO_3^-$$
- die beteiligten Coenzyme kommen nur in **methanogenen Bakterien** (strikt anaerobe Archaea) vor
- Autotrophe nutzen die Reaktionen zur CO_2-Assimilation
- Energiekonservierung durch ETP

Sulfatatmung (dissimilatorische Sulfatreduktion)
- Reduktion von Sulfat (SO_4^{2-}) über Sulfit (SO_3^-) zu Sulfid (S^{2-})
- H_2 oder organische Verbindungen als Elektronendonor
- Sulfatreduzierer sind anaerob (Gattungsname beginnt mit *Desulfo-*)
- Energiekonservierung durch ETP

8.6.4 Gärung (Fermentation)

> • Abbau organischer Verbindungen ohne externe Elektronenakzeptoren wie Sauerstoff, Nitrat oder Sulfat
> • Energiekonservierung über SSP (Ausnahme: bei gemischter Säuregärung der Enterobakterien auch ETP)
> • Substrate: Zucker, organische Säuren, Aminosäuren
> • geringere Energieausbeute als bei vollständiger Oxidation

- Abbau von Glucose zu Pyruvat (über Glykolyse, Entner-Doudoroff-Weg oder Phosphoketolaseweg)
- keine Weiteroxidation von Pyruvat durch Pyruvat-Dehydrogenase und Citratzyklus

Pyruvat umsetzende Enzyme

a. in Anwesenheit von O_2

- **Pyruvat-Dehydrogenase**: decarboxyliert Pyruvat zu Acetyl-CoA und CO_2

b. in Abwesenheit von O_2

- **Pyruvat-Ferredoxin-Oxidoreductase**: katalysiert oxidative Decarboxylierung von Pyruvat zu Acetyl-CoA und CO_2 bei Clostridien
- **Pyruvat-Formiat-Lyase**: spaltet Pyruvat in Formiat und Acetyl-CoA
  - Schlüsselenzym der gemischten Säuregärung von Enterobakterien
- **Pyruvat-Decarboxylase**: decarboxyliert Pyruvat zu Acetaldehyd
  - Schlüsselenzym der Ethanolgärung von Hefen und *Zymomonas*
- **2-Acetyllactat-Synthase**: bildet aus 2 Pyruvat 2 Acetyllactat und CO_2

Durch Gärung können manche Zellen auch ohne Sauerstoff ATP bilden

☐ gelernt (Campbell S. 201)

Formen der Milchsäuregärung

a. homofermentative Milchsäuregärung:

- Abbau der Glucose über Glykolyse ausschließlich zu Lactat
- Nettoausbeute pro Mol Glucose: **2 ATP**

b. heterofermentative Milchsäuregärung

- Abbau der Glucose über Phosphoketolase-Weg zu Lactat und Ethanol
- Nettoausbeute pro Mol Glucose: **1 ATP**

Formen der Gärung:

Form der Gärung	Ablauf	Schlüsselenzym	Energie-konservierung	Organismen
Milchsäuregärung	Vergärung von Kohlenhydraten zu Milchsäure (Lactat)	Lactat-Dehydrogenase	SSP	Milchsäurebakterien
Ethanolgärung	Vergärung von Kohlenhydraten zu Ethanol	Pyruvat-Decarboxylase	SSP	Hefen (*Saccharomyces*), *Zymomonas*
gemischte Säuregärung	pH-abhängige Vergärung von Kohlenhydraten zu Säuren, Alkoholen und Gasen	Pyruvat-Formiat-Lyase, 2-Acetyllactat-Synthase	SSP	Enterobakterien, einige *Bacillus*-Arten
Propionsäuregärung	Vergärung von Kohlenhydraten, Lactat, Malat, Glycerin und Aminosäuren zu Propionat	Pyruvat-Ferredoxin-Oxidoreductase, Methylmalonyl-Coenzym-A-Mutase	SSP und ETP	Bakterien im Pansen von Wiederkäuern, z. B. *Propionibacterium*
Buttersäuregärung	Vergärung von Kohlenhydraten zu Buttersäure	Pyruvat-Ferredoxin-Oxidoreductase	SSP	saccharolytische Clostridien
Vergärung von Aminosäuren (Stickland-Reaktion)	gekoppelte Vergärung von zwei Aminosäuren zu CO_2, Fettsäuren und NH_4^+		SSP	proteolytische Clostridien

Ethanolgärung

a. *bei Hefen*
  - Abbau der Glucose über Glykolyse
  - Nettoausbeute pro Mol Glucose: **2 ATP**

b. *bei* Zymomonas
  - Abbau der Glucose über Entner-Doudoroff-Weg
  - Nettoausbeute pro Mol Glucose: **1 ATP**

Gemischte Säuregärung

  - gebildete Säuren: Formiat, Acetat, Lactat, Succinat
  - gebildete Alkohole: Ethanol, 2,3-Butandiol
  - gebildete Gase: H_2, CO_2

Propionsäuregärung

  - Bildung von Propionat über Methylmalonyl-Coenzym-A-Weg
  - bei *Clostridium propionicum* über Acryloyl-Coenzym-A-Weg

Buttersäuregärung

  - Nettoausbeute pro Mol Glucose: **3 ATP**
  - manche saccharolytische Clostridien bilden bei Ansäuerung neutrale Gärprodukte wie Aceton, Propanol, Butanol

Stickland-Reaktion

  - eine Aminosäure dient als Elektronendonor, die andere als Elektronenakzeptor

Decarboxylierung von Dicarbonsäuren

  - intramolekulare Redoxreaktion
  - oxidiertes Produkt CO_2; reduziertes Produkt: Monocarbonsäure
  - Enzyme: membrangebundene Decarboxylasen
  - Energiekonservierung über **Decarboxylierungsphosphorylierung**
  - bei einigen anaeroben Bakterien

9. Biosynthesen von Mikroorganismen

Biosyntheseleistungen !
- Energie verbrauchende Stoffwechselprozesse zur Synthese von Monomeren und Makromolekülen im **Baustoffwechsel (Anabolismus)**
- die nötige Energie stammt aus dem **Energiestoffwechsel (Katabolismus)**
- 1. Schritt: **Synthese von Monomeren**
- 2. Schritt: **Polymerisation zu Makromolekülen**

Monomere
- Bausteine von Makromolekülen
- **Zucker, Aminosäuren, Fettsäuren, Nucleotide**

Makromoleküle
- Polymere aus identischen oder verschiedenen Monomeren
- **Polysaccharide, Proteine, Nucleinsäuren**
- Molekularmasse mindestens einige tausend Dalton

Die aus Fettsäuren bestehenden **Lipide** werden nicht zu den Makromolekülen gerechnet, weil ihre Molekularmasse nur zwischen 750 und 1500 Dalton liegt. Bei anderen Polymeren beträgt sie 5000 bis über 10^6 Dalton.

Ausgangsprodukte für Biosynthesen
- Stoffe aus der Umwelt wie CO_2
- Zwischenprodukte kataboler Stoffwechselwege wie Glykolyse und Citratzyklus (Abb. 9.1)

anaplerotische Reaktionen
- dienen zur Wiederauffüllung dieser Zwischenprodukte
- z. B. **Glyoxylatzyklus**: Abkürzung des Citratzyklus über Glyoxylat als Zwischenprodukt

---

Glykolyse und Citratzyklus sind mit vielen anderen Stoffwechselwegen verknüpft

(Campbell S. 203) gelernt □

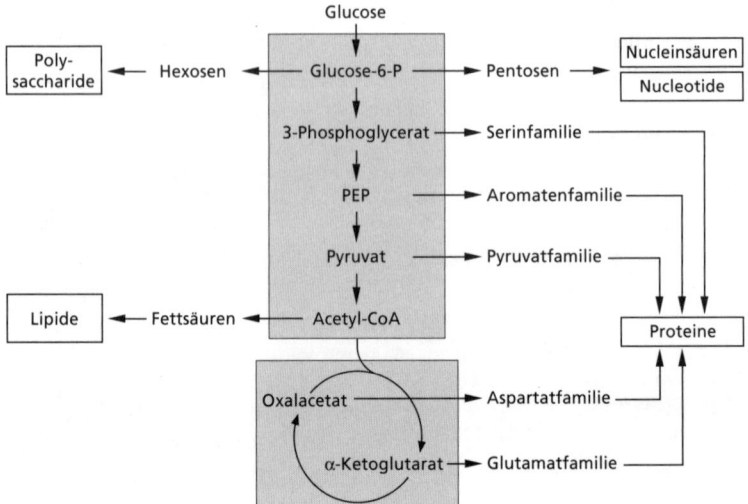

Abb. 9.1: Zwischenprodukte von Glykolyse und Citratzyklus als Ausgangsprodukte für Biosynthesen.

9.1 Stoffaufnahme und Transport

- Wahrnehmung und Aufnahme der benötigten Stoffwechselsubstrate durch die Zelle erfolgen durch **Sensorproteine** und **Transportproteine**
- bei Transportproteinen unterscheidet man zwei Klassen: **Carrier** und **Porine**

Carrier
- **integrale Membranproteine** mit einer oder mehreren **Bindungsstellen** für Substrat
- binden Substanzen stöchiometrisch und transportieren sie mittels Konformationsänderung über die Membran
- **passiver** oder **aktiver Transport**
- **Uniporter**: transportieren eine einzelne Substanz in eine Richtung
- **Symporter**: transportieren gleichzeitig zwei Substanzen in gleicher Richtung
- **Antiporter**: transportieren gleichzeitig zwei Substanzen in entgegengesetzter Richtung
- gemeinsamen Transport verschiedener Substanzen bezeichnet man als **Cotransport**

Porine

- **kanalbildende Transportproteine** in der äußeren Membran gramnegativer Bakterien
- Öffnung der Kanäle wird streng reguliert
- **passiver Transport**, dem chemischen Gradienten folgend

Aktiver Transport

- Transport entgegen dem elektrochemischen Konzentrationsgefälle
- erfordert Zufuhr von Energie

a. primär aktiver Transport

- Energie liefernder Schritt (Licht, ATP) ist direkt mit dem Transportvorgang verbunden

b. sekundär aktiver Transport

- nutzt den vom primär aktiven Transporter erzeugten elektrochemischen Gradienten einer Substanz (**Protonengradienten**), um eine andere entgegen ihrem Gradienten zu transportieren
- Symport zusammen mit Protonen = **Protonenpumpe**

c. Gruppentranslokation

- Transport einer Substanz gegen ein Konzentrationsgefälle in chemisch modifizierter Form
- z. B. **Phosphotransferase-System (PTS)**:
  - Transportsystem für Zucker bei vielen Bakterien
  - schrittweise Übertragung einer Phosphorylgruppe über mehrere Transportkomponenten gegen ein Konzentrationsgefälle

---

Aktiver Transport ist das Pumpen eines gelösten Stoffes entgegen seinem Konzentrationsgefälle

(Campbell S. 174) gelernt ☐

9.2 Biosynthese von Monomeren

9.2.1 CO_2-Fixierung

Die **CO_2-Fixierung** bei autotrophen Prokaryoten erfolgt durch vier verschiedene Mechanismen: Calvin-Zyklus, reverser Citratzyklus, Hydroxypropionatzyklus und reduktiver Acetyl-CoA-Weg.

Im Calvin-Zyklus dienen ATP und NADPH dazu, Zucker aus CO_2 herzustellen

(Campbell S. 222) gelernt ☐

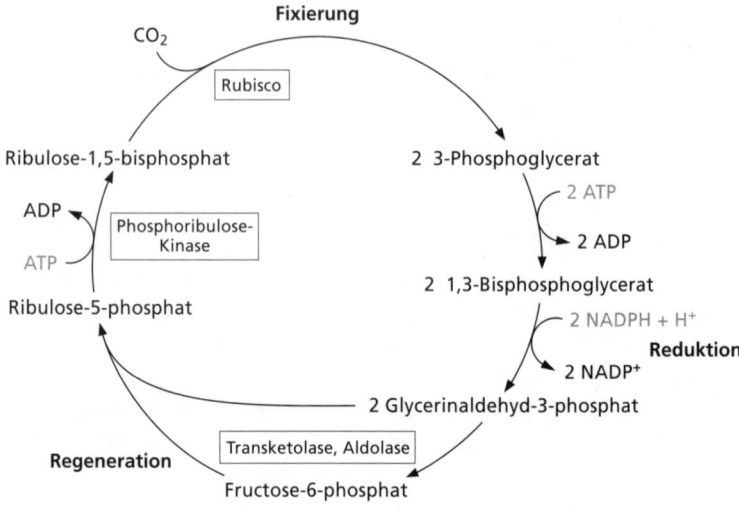

Abb. 9.2: CO_2-Fixierung über den Calvin-Zyklus.

! **Calvin-Zyklus** (Abb. 9.2)
- zyklischer Weg der **CO_2-Fixierung**
- bei Cyanobakterien, Purpurbakterien, chemolithotrophen Bakterien sowie phototrophen Eukaryoten (Algen und höhere Pflanzen)
- primärer CO_2-Akzeptor: **Ribulose-1,5-bisphosphat**
- 1. Schlüsselenzym: **Ribulose-1,5-bisphosphat-Carboxylase (Rubisco)**
  - liegt in Zellen oft kristallin in Form von **Carboxysomen** vor
- 2. Schlüsselenzym: **Phosphoribulose-Kinase**
- **Bilanz**:
  $6 CO_2 + 18 ATP + 12 NADPH \rightarrow$
  Fructose-6-phosphat $+ 18 ADP + 17 P_i + 12 NADP^+$

Reverser Citratzyklus
- zyklischer Weg der CO_2-Fixierung
- bei einigen autotrophen Bakterien (Grüne Schwefelbakterien)
- primärer CO_2-Akzeptor: **Succinyl-CoA**
- Schlüsselenzym: **ATP-Citratlyase**
- **Bilanz**:
  $3 CO_2 + 5 ATP + 12 H \rightarrow$ Triosephosphat

Hydroxyproprionatzyklus
- zyklischer Weg der CO_2-Fixierung
- bei *Chloroflexus* (schwefelfreies Grünes Bakterium) und einigen thermopilen Archaea
- primärer CO_2-Akzeptor: **Acetyl-CoA**
- **Bilanz**:
  $2 CO_2 + 3 ATP + 4 H \rightarrow$ Glyoxylat

Da *Chloroflexus* ein stammesgeschichtlich sehr altes Bakterium ist, könnte die CO_2-Fixierung durch den Hydroxyproprionatzyklus die älteste heute noch existierende Form autotrophen Wachstum sein. ∎

reduktiver Acetyl-CoA-Weg
- nicht zyklischer Weg der CO_2-Fixierung
- bei vielen Bacteria (homoacetogene und autotrophe Sulfatreduzierer) und Archaea (Sulfat reduzierende und methanogene)
- primärer CO_2-Akzeptor: **H_2**
- Schlüsselenzym: **Kohlenmonoxid-Dehydrogenase**
- **Bilanz**:
  $2 CO2 + ATP + 4 H_2 \rightarrow$ Acetyl-CoA

9.2.2 Synthese von Monosacchariden

Monosaccharide
- Einfachzucker mit drei bis sieben C-Atomen
- zelluläre Makromoleküle (**Polysaccharide**) bestehen meist aus **Hexosen** (C_6-Zucker, z. B. Glucose) und **Pentosen** (C_5-Zucker, z. B. Ribose)

- Glucose aus Nährlösung wird von Bakterien aufgenommen und (in phosphorylierter Form) zur Synthese von Polysacchariden verwendet

Gluconeogenese
- Synthese von Glucose aus Nicht-Kohlenhydraten
- Ausgangssubstrate: Aminosäuren, Glycerin oder Lactat
- formale Umkehr der Glykolyse, aber statt Kinasen andere Enzyme erforderlich
- Glykolyse und Gluconeogenese werden reziprok reguliert

Synthese von Pentosen
- Bildung meist durch Decarboxylierung einer Hexose
- z. B. über oxidativen Zweig des **Pentosephosphat-Weges**

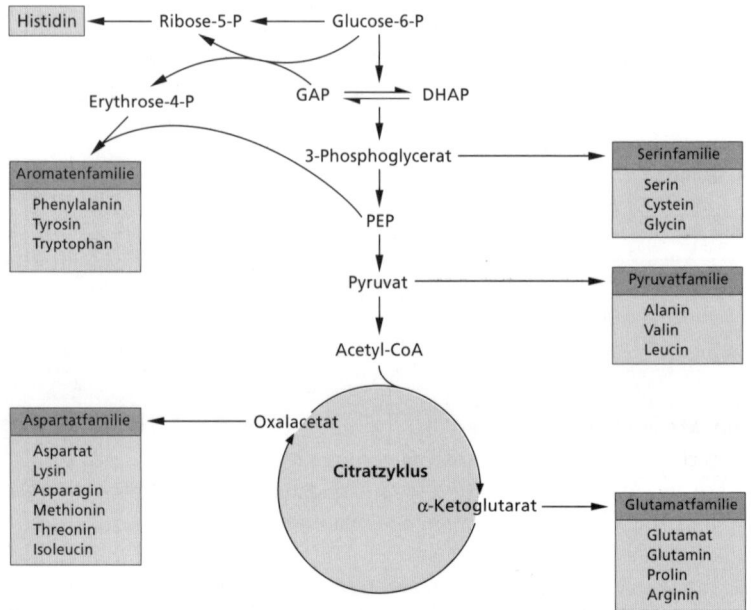

Abb. 9.3: Die Synthesefamilien der Aminosäuren; die Kohlenstoffgerüste stammen von Zwischenprodukten der Glykolyse und des Citratzyklus.

9.2.3 Synthese von Aminosäuren

> **! Aminosäuren**
> - Bausteine von **Proteinen** und **Polypeptiden**
> - enthalten eine **Carboxylgruppe** ($-COOH$ bzw. $-COO^-$) und eine **Aminogruppe** ($-NH_2$ bzw. $-^+NH_3$) (= funktionelle Gruppen), ein **H-Atom** und eine variable **Seitenkette** an zentralem C-Atom
> - chemische Eigenschaften v. a. durch Seitenkette bedingt (aliphatisch, aromatisch, polar oder unpolar)

Aminosäurefamilien
- eingeteilt nach der Kohlenstoffkette
- leiten sich von gemeinsamen Vorläufern ab, die Zwischenprodukte von Glykolyse, Citratzyklus und Pentosephosphatweg sind (Abb. 9.3)
- Übertragung der Aminogruppe durch Transaminasen

> Neben den 20 Standard-Aminosäuren findet sich bei einigen
> Prokaryoten und Eukaryoten noch **Selenocystein**, das anstelle des
> Schwefels in Cystein Selen enthält. Das zugehörige Codon auf der
> mRNA ist eines der Stopp-Codons.

An der Aminosäuresynthese beteiligte Enzyme:
- **Glutamat-Dehydrogenase**: katalysiert die NAD(P)H-abhängige
  Synthese von Glutamat aus α-Ketoglutarat und NH_4^+
- **Transaminasen**: katalysieren Übertragung der Aminogruppe von
  Glutamat auf eine α-Ketosäure
- **Glutamin-Synthetase**: katalysiert die ATP-abhängige Synthese von
  Glutamin aus Glutamat und NH_4^+
- **Glutamat-Synthase**: katalysiert die NADPH-abhängige Synthese von
  2 Glutamat aus α-Ketoglutarat und Glutamin
  - Synonym: GOGAT (Glutamin-2-Oxo-Glutarat-Amino-Transferase)

9.2.4 Purine und Pyrimidine

- **Nucleotide**: Bausteine der **Nucleinsäuren** aus einer Pentose
  (Ribose oder Desoxyribose), einer stickstoffhaltigen Purin- oder
  Pyrimidinbase sowie einem Phosphatrest
- Purine: **Adenin, Guanin** (Abb. 9.4)
- Pyrimidine: **Cytosin, Thymin, Uracil** (Abb. 9.4)

Purinbasen

Adenin A   Guanin G
(DNA, RNA)   (DNA, RNA)

Pyrimidinbasen

Thymin T   Cytosin C   Uracil U   **Abb. 9.4:** Struktur der Purin-
(DNA)   (DNA, RNA)   (RNA)   und Pyrimidinbasen von
                                                  Nucleinsäuren.

- **Purinsynthese**: zwei Ringe aus C- und N-Atomen
  - Einbau von Formylgruppen aus Tetrahydrofolsäure und Amino-gruppen aus Aminosäuren, C aus CO_2, 2 C- und 1 N-Atom aus Glycin
- **Pyrimidinsynthese**: Ring aus 4 C- und 2 N-Atomen aus Carbamoyl-phosphat und Aspartat

9.2.5 Fettsäuresynthese

> **!** **Fettsäuren**
> - **amphipathische Moleküle** mit hydrophiler Carboxylgruppe und hydrophober Kohlenwasserstoffkette, die verzweigt oder unver-zweigt sein kann
> - **gesättigte Fettsäuren**: ohne Doppelbindung
> - **ungesättigte Fettsäuren**: mit einer oder mehreren Doppelbin-dungen
> - Bausteine von **Membranlipiden**
> - **Triacylglycerine (Triglyceride, Neutralfette)**: Ester aus Glycerin und drei Fettsäuren, die bei Tieren als Energiespeicher dienen

- Baustein zur Synthese der Kohlenwasserstoffkette: **Acetyl-CoA**
- Fettsäuresynthese und β-Oxidation werden reziprok reguliert

Acetyl-CoA-Carboxylase
- biotinhaltiges Schlüsselenzym der Fettsäuresynthese
- katalysiert die biotinabhängige Carboxylierung von Acetyl-CoA zu Malonyl-CoA

Acyl-Carrier-Protein (ACP)
- flexibles Trägermolekül für Acylreste bei der Fettsäuresynthese
- funktionelle Gruppe: SH-Gruppe des Phosphopanthetein-Arms

Fettsäuresynthase
- Enzymsystem zur Synthese gesättigter C_{16}-Fettsäuren (Palmitinsäure)
- bei Eukaryoten Multienzymkomplex
- bei Prokaryoten 7 eng assoziierte Einzelenzyme

9.3 Synthese von Polymeren

9.3.1 Polysaccharide

> • Polymere aus zahlreichen glykosidisch verbundenen identischen oder unterschiedlichen **Zuckermonomeren**
> • dienen als **Speicherstoffe** oder **Strukturelemente**
> • Synthese geht von **Nucleotiddiphosphat-Zuckern** aus (z. B. Uridin-phospho- oder UDP-Glucose)
>
> **glykosidische Bindung** (Abb. 9.5)
> • unter **Wasserabspaltung** zwischen Hydroxylgruppe an C1 des einen Zuckermoleküls und Hydroxylgruppe an C4 oder C6 des anderen
> • **Speicherpolysaccharide:** meist **α-glykosidische Bindung**
> • **Strukturpolysaccharide:** meist **β-glykosidische Bindung**

Polysaccharide, die Polymere von Zuckern, dienen als Energiespeicher und Baumaterial

(Campbell S. 79) gelernt ☐

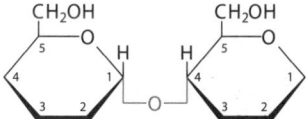

α-1,4-glykosidische Bindung
(z. B. Glykogen, Stärke)

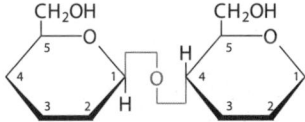

β-1,4-glykosidische Bindung
(z. B. Cellulose)

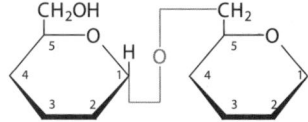

α-1,6-glykosidische Bindung
(bildet die Verzweigungen
in Glykogen)

Abb. 9.5: Verschiedene glykosidische Bindungen in Polysacchariden.

Glykoproteine
- Polymere aus Zuckern und einer Polypeptidkette
- **O-glykosidische Bindung**: über Hydroxylgruppe an Aminosäure des Polypeptids
- **N-glykosidische Bindung**: über Aminogruppe einer Aminosäure
- dienen als Oberflächenrezeptoren, z. B. Lektine

Exopolysaccharide
- außerhalb der Zellen lokalisiert

Lipopolysaccharide
- an der Außenseite der äußeren Membran von gramnegativen Bakterien

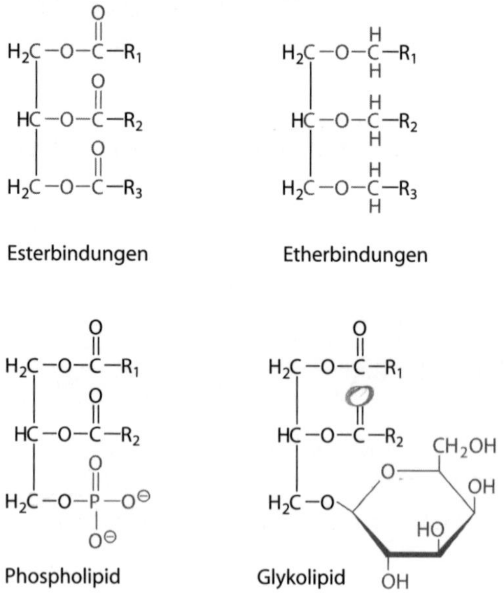

Abb. 9.6: Grundstruktur verschiedener Lipide. Esterbindungen bei Bacteria und Eukarya, Etherbindungen bei Archaea.

9.3.2 Lipide (Abb. 9.6)

- in Wasser unlöslich, in organischen Lösungsmitteln löslich
- dienen als **Energiespeicher** und **Membranbestandteile**

- **Esterlipide**: Alkohol und Fettsäuren durch **Esterbindung** verknüpft; bei **Bacteria**
- **Etherlipide**: Alkohol und Isopreneinheiten durch **Etherbindung** verknüpft; bei **Archaea**
- **Glycerolipide**: enthalten als Alkohol Glycerin
- **Sphingolipide**: enthalten als Alkohol Sphingosin
- **Phospholipide**: enthalten eine Phosphatgruppe; Membrankomponenten
- **Glykolipide**: enthalten einen oder mehrere Zucker; Membrankomponenten

Fette speichern große Energiemengen

(Campbell S. 82) gelernt ☐

Phospholipide sind Hauptbestandteile von Zellmembranen

(Campbell S. 84) gelernt ☐

Poly-β-hydroxybuttersäure
- Polymer aus β-Hydroxybuttersäure
- in Form von Granula als Reservestoff bei Prokaryoten

Ein Nucleinsäurestrang ist ein Polymer aus Nucleotiden

(Campbell S. 97) gelernt ☐

9.3.3 Nucleinsäuren

> **!**
> - Polymere aus **Nucleotiden**, verbunden durch **Phosphodiester-bindung** zwischen Phosphatgruppe und den beiden Zuckerresten
> - es gibt zwei Arten: **DNA** und **RNA**
>
> **DNA (Desoxyribonucleinsäure):**
> - enthält als Zucker **2'-Desoxyribose**, die Basen G, C, A und **T** sowie Phosphatrest
> - Träger der genetischen Information (Ausnahme: RNA-Viren)
> - **doppelsträngig** (außer bei DNA-Viren): Wasserstoffbrücken zwischen **komplementären Basen**: G und C bzw. A und T
> - Synthese katalysiert durch **DNA-Polymerasen**
> - **semikonservative Replikation**: nach Synthese zwei neue Doppel-stränge aus je einem Eltern- und Tochterstrang
>
> **RNA (Ribonucleinsäure):**
> - enthält als Zucker **Ribose**, die Basen G, C, A und **U** sowie Phosphat-rest
> - **einzelsträngig** (außer bei RNA-Viren)
> - Synthese katalysiert durch **RNA-Polymerasen** mit DNA als Vorlage
> - verschiedene Funktionen als mRNA, rRNA und tRNA: Transport von Informationen und Umsetzung in Proteine
> - **mRNA (Messenger-** oder **Boten-RNA): Transkription** an DNA-Matrize
> - **rRNA (ribosomale RNA):** in Ribosomen, mit strukturellen und kata-lytischen Eigenschaften **(Ribozyme)**
> - **tRNA (Transfer-RNA): Translation** bei Proteinbiosynthese

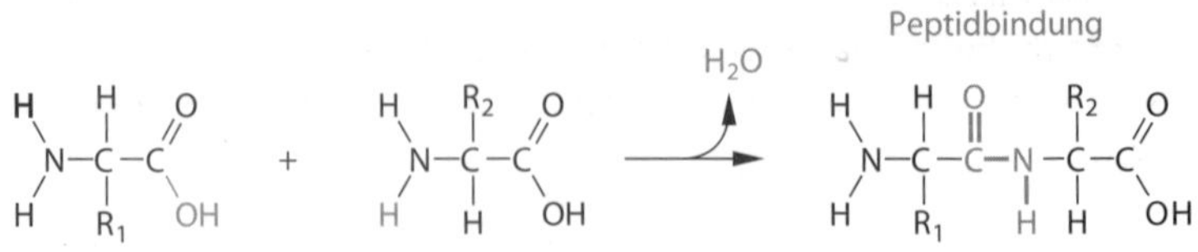

Abb. 9.7: Bildung einer Peptidbindung zwischen zwei Aminosäuren.

9.3.4 Proteine

- Polymere aus Aminosäuren, die über Peptidbindungen verknüpft sind (**Polypeptide**)
- **Peptidbindung**: entsteht unter **Wasserabspaltung** zwischen Carboxylgruppe und Aminogruppe benachbarter Aminosäuren (Abb. 9.7)
- Synthese (**Translation**) erfolgt an den Ribosomen
- Elongation der Polypeptidkette mithilfe von Hilfsproteinen (**Elongationsfaktoren**)
- Funktionen: **Enzyme** oder **Strukturproteine**

Proteinstruktur
- **Primärstruktur**: Reihenfolge der Aminosäuren im Protein
- **Sekundärstruktur**: Faltung aufgrund von Wechselwirkungen zwischen den Aminosäuren, z. B. Wasserstoffbrücken
- **Tertiärstruktur**: dreidimensionale Anordnung durch Wechselwirkungen zwischen nicht benachbarten Aminosäuren
- **Quartärstruktur**: räumliche Struktur von Proteinen aus mehreren Polypeptidketten
- Wechselwirkungen: kovalent (**Disulfidbrücken**) oder nicht-kovalent (**Wasserstoffbrücken**)

Die Funktion eines Proteins hängt von seiner Struktur ab. Durch **Denaturierung** (Zerstörung der räumlichen Struktur) mittels Hitze oder Chemikalien verliert es seine biologische Aktivität.

Strukturproteine
- **Lipoproteine**: enthalten Lipidanteil; Membranbestandteile
- **Glykoproteine**: enthalten Zuckerreste; können Zellwandbestandteile sein

---

Ein Polypeptid ist ein Polymer aus Aminosäuren, die in bestimmter Reihenfolge miteinander verknüpft sind

(Campbell S. 86) gelernt ☐

Die Funktion eines Proteins hängt von seiner spezifischen Konformation ab

(Campbell S. 88) gelernt ☐

9.4 Synthese der Bakterienzellwand

!
- Zellwände von Bakterien: zwei Haupttypen – Unterscheidung durch **Gramfärbung**
- **grampositive Bakterien**: Zellwand aus **Mureinschicht**
- **gramnegative Bakterien**: Zellwand aus **Mureinschicht** und **äußerer Membran**
- Grundgerüst: **Peptidoglykan, Lipopolysaccharide, Teichonsäuren**
  – Zuckerpolymere

Synthese **von Po**lysacchariden bei Bakterien
- findet im Cytoplasma statt
- Zuckermonomere werden als Zuckerphosphate in Nucleotiddi-phosphat-Zucker überführt und dadurch aktiviert
- **Nucleotiddiphosphat-Zucker**: aktivierte Vorstufen für Synthese der verschiedenen Polysaccharide
- **Undekaprenylphosphat (Lipid-Carrier)**: Isoprenoid aus 11 Isopren-einheiten
  – lipophiler Carrier, der Zuckerreste bei der Polysaccharid-Synthese an der Cytoplasmamembran verankert
- **Glykosyltransferasen**: übertragen Zucker auf Undekaprenylphosphat

Synthese von Peptidoglykan (Murein)
- Synthese der Vorstufen aus **N-Acetyl-Glucosamin** und **N-Acetyl-muraminsäure** als **Uracildiphosphat-Derivate (UDP-Derivate)** im Cytoplasma
- Verknüpfung zum Disaccharidpentapeptid an **Undekaprenylphosphat**
- nach Transport durch Cytoplasmamembran Einbau der Untereinheit in Zellwand durch **Transglykosilierung** und **Transpeptidierung**

$
Da die Peptidoglykansynthese nur bei Bacteria vorkommt, bietet sie eine Angriffsmöglichkeit für Antibiotika. Die **β-Lactam-Antibiotika** Penicillin und Cephalosporin hemmen die nur bei wachsenden Zellen auftretende **Transpeptidasereaktion** – daher werden nur wachsende Zellen gehemmt.

Exopolysaccharide
- extrazelluläre Polysaccharide (**Schleime**)
- werden intra- oder extrazellulär synthetisiert

Lipopolysaccharide
- bilden Außenseite der äußeren Membran gramnegativer Bakterien
- bestehen aus **Lipoid A** (=Lipid A, ein Disaccharid), **Kernoligosaccharid** und **O-Seitenkette (O-Antigen)**
- Synthese und Zusammenbau der Bestandteile erfolgen an der Cytoplasmamembran

9.5 Regulation der Biosynthesen bei Prokaryoten

Durch **Regulation** werden die zahlreichen Stoffwechselprozesse des Katabolismus und Anabolismus aufeinander abgestimmt:
- durch Kontrolle der **Enyzmaktivität** (Endprodukthemmung, Isoenzyme, kovalente Modifikation)
- oder durch Kontrolle der **Syntheserate von Enzymen** (Transkriptions- bzw. Translationskontrolle)

Stoffwechselkontrolle beruht oft auf allosterischer Hemmung

(Campbell S. 119) gelernt ☐

allosterische Enzyme
- besitzen neben **Substratbindungsstelle** (*active site*) eine zweite Bindungsstelle für einen **allosterischen Effektor/Inhibitor** (*allosteric site*)
- durch Bindung des Effektors kommt es zu einer **Konformationsänderung** des Enzyms, sodass keine Substratbindung möglich ist

Kontrolle der Enzymsynthese
- Veränderung der Enzymmenge
- **Induktion der Transkription**: Enzymmenge wird erhöht
- **Repression der Transkription**: Enzymmenge wird verringert
- Kontrolle der **Translation** durch **Translationsinhibitoren**

Kontrolle der Enzymaktivität

Endprodukthemmung (Feedback-Hemmung)	Endprodukt hemmt das erste Enzym eines Syntheseweges; häufig bei allosterischen Enzymen
allosterische Hemmung	bei Bindung eines allosterischen Effektors ändert sich die Konformation des Enzyms → Substrat kann nicht mehr gebunden werden; ist reversibel
kumulative Hemmung	jedes Endprodukt eines verzweigten Synthesewegs hemmt die Aktivität des ersten Enzyms der Synthese
sequenzielle Hemmung	jedes Endprodukt hemmt nur das erste Enzym nach einer Verzweigung, also die eigene Synthese
Hemmung durch **Isoenzyme**	verschiedene Enzyme, die den gleichen Syntheseschritt katalysieren, aber von unterschiedlichen Endprodukten gehemmt werden – unabhängige Regulation einzelner Endprodukte eines verzweigten Weges
Hemmung durch **kovalente Modifikation** von Enzymen	Änderung der Konformation eines Enzyms durch Übertragung von Phosphat-, Adenyl- oder Methylgruppen, sodass Substrat nicht mehr binden kann

10. Anpassungen von Mikroorganismen

- Mikroorganismen kommen in vielen verschiedenen Lebensräumen vor **!**
- Anpassungen an Extreme durch teilweise hoch spezialisierte biochemische Ausstattung
- schnelle Anpassung an sich veränderte Umweltbedingungen in weniger extremen Habitaten

10.1 Grundlagen der Anpassung

- die intrazellulären Funktionen von Mikroorganismen werden v. a. durch Temperatur, pH-Wert, Redoxzustand und Osmolarität bestimmt – Parameter, die sich ständig ändern
- ebenso veränderlich ist die Verfügbarkeit von essenziellen Zellbausteinen und Substraten für den Energiestoffwechsel
- optimale Anpassung in Konkurrenz mit anderen Organismen erforderlich
- für **Anpassungsreaktionen** müssen Umweltreize aufgenommen, übertragen und verarbeitet werden

Umweltreiz und molekulare Antwort
- Aufnahme von Umweltreizen über **Rezeptoren** an der Zelloberfläche oder im Inneren der Zelle
- Rezeptor kann selbst als **Regulator** eine Antwort auslösen
- Alternative: Reizübertragung über eine **Signaltransduktionskette**

Signaltransduktionskette (Abb. 10.1) **!**
- Abfolge von Schritten, mit denen eine Zelle ein extrazelluläres Signal über Rezeptoren aufnimmt, in intrazelluläre Signale umwandelt und an Regulatoren weiterleitet
- bisweilen sind daran intrazelluläre Botenstoffe (**Alarmone**) beteiligt

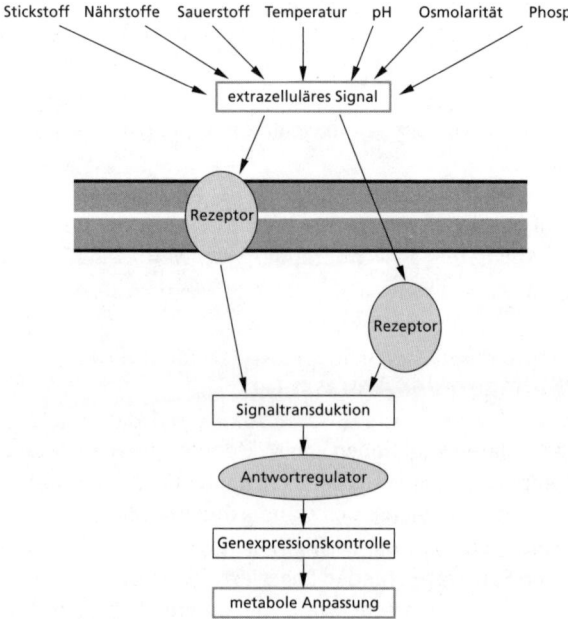

Abb. 10.1: Vom Umweltreiz zur molekularen Anpassungsreaktion.

Regulator
- verändert die Physiologie der Zelle durch **Kontrolle der Genexpression** (Transkription, Translation)
- dadurch z. B. Bildung neuer Proteine, Verzicht auf andere

Regulationsnetzwerk
- Beteiligung vieler Regulatoren an einer Anpassungsreaktion
- Regulationssysteme sind organismenspezifisch

Die drei Phasen der Signalverarbeitung sind Erkennung, Übertragung und Antwort

☐ *gelernt (Campbell S. 236)*

Regulationsmechanismen
a. Zweikomponenten-Regulationssystem
- aus zwei Teilen bestehender Signaltransduktionsweg aus Rezeptor und Regulator

- **Rezeptor**: signalspezifische **Sensor-Kinase**
- **Regulator**: im typischen Fall **DNA-bindendes Protein**, das die Transkription von Genen reguliert
- Sensor-Kinase reagiert auf ein Signal durch **Autophosphorylierung** und aktiviert durch **Transphosphorylierung** den entsprechenden Regulator
- **Phosphatase** entfernt die Phosphatgruppe wieder vom Regulator und deaktiviert ihn so

b. *Alternative Sigmafaktoren*
- Regulation der Genexpression erfolgt durch **Promotorbindung** und Wechselwirkung mit der **RNA-Polymerase**
- **Sigmafaktor**: Untereinheit der RNA-Polymerase von Bakterien, die die **Promotorerkennung** vermittelt
- spezifische Sigmafaktoren wirken als **Regulatoren der Transkription** bei bestimmten Anpassungsreaktionen auf bestimmte Umweltreize (z. B. für Hitzeschock bei hohen Temperaturen)
- bei veränderten Umweltbedingungen bindet die RNA-Polymerase solche alternativen Sigmafaktoren

c. *Transkriptionsfaktoren*
- zusätzliche regulatorische Proteine
- steuern die **Effizienz der Promotorerkennung** und **Initiation der Transkription** durch die RNA-Polymerase
- enthalten bei Prokaryoten oft Helix-turn-Helix-Motiv zur DNA-Bindung
- **Repressoren**: verringern die Transkription
- **Aktivatoren**: induzieren die Transkription des Zielgens

Genregulation

a. *Attenuation*
- Mechanismus zur **Kontrolle** mancher bakterieller **Operons** für Enzyme der Aminosäuresynthese
- erfolgt durch gekoppelte **Translations-Transkriptions-Regulation**
- **Attenuator**: regulierende RNA-Region, die abhängig von der zellulären Konzentration der Aminosäure unterschiedliche Konformationen einnimmt
- z. B. Tryptophan-Operon

b. *Operon*
- Reihe benachbarter Gene, die von **gemeinsamem Promotor** gesteuert werden
- werden als Einheit transkribiert (entspricht Transkriptionseinheit = **Cistron**)

c. *Regulon*
- mehrere Gene und Operons, die durch **gemeinsamen Regulator** reguliert werden

d. *Modulon*
- mehrere Regulons und Operons, die von einem **gemeinsamen übergeordneten Regulatorsystem** kontrolliert werden
- regulatorisches Netzwerk überlappender Modulons ist die Grundlage für die molekulare Anpassung eines Mikroorganismus

e. *Stimulon*
- Gesamtheit aller Gene, Operons, Regulons und Modulons, die auf einen bestimmten Umweltreiz reagieren

f. *Alarmon*
- intrazelluläres **Signalmolekül** im Rahmen der Signaltransduktion
- ermöglicht die synchrone und schnelle Reaktion aller Operons eines Modulons auf Stressfaktoren
- z. B. cAMP, ppGpp

Die Kontrolle der Genexpression erlaubt es individuellen Bakterien, ihren Stoffwechsel an Milieuveränderungen anzupassen

☐ *gelernt (Campbell S. 406)*

10.2 Anpassung an Temperatur

- **Kardinaltemperaturen**: minimale, optimale und maximale Wachstumstemperatur

Einteilung von Mikroorganismen nach Kardinaltemperatur:

Mikroorganismen-Gruppe	minimale Wachstumstemperatur	maximale Wachstumstemperatur
Psychrophile (Kryophile)	0 °C oder niedriger	20 °C
Psychrotolerante	3–5 °C	
Mesophile	20 °C	42 °C
Thermophile	25–40 °C	70 °C
extrem Thermophile	65 °C	70–80 °C
Hyperthermophile	> 80 °C	> 110 °C

Psychrophile

- viele marine Arten
- optimale Wachstumstemperatur: 15 °C
- Bedeutung für Stoffkreisläufe in kalten Regionen
- beteiligt an biotechnologischen **Fermentationsprozessen** (Molkereiprodukte)
- Fluidität der Membran muss bei niedrigen Temperaturen erhalten bleiben

Wenn gekühlte Lebensmittel verderben, sind dafür psychrophile oder psychrotolerante Bakterien verantwortlich.

Thermophile

- Lipide, Nucleinsäuren und Proteine sind normalerweise sehr empfindlich gegenüber Hitze
- hyperthermophile Archaea besitzen hitzestabilere Glycerolipide
- alle extrem Thermophilen besitzen spezielle **hitzestabile Enzyme**

Hitzeschock-Antwort

- bei Hitze werden vermehrt **Hitzeschock-Proteine** produziert
- dazu wird die Konzentration eines **alternativen Sigmafaktors** erhöht
- **Chaperone**: Hitzeschock-Proteine, die an durch Hitze teilweise denaturierte Proteine binden und ihnen ermöglichen, sich in ihre ursprüngliche Konformation zurückzufalten
- zusammen mit Chaperonen werden **Proteasen** gebildet, die irreversibel denaturierte Proteine abbauen

Eine Hitzeschock-Antwort kann auch durch andere Stressoren wie Ethanol, UV-Strahlung oder H_2O_2 ausgelöst werden.

Kälteschock-Antwort

- ähnlich gibt es **Kälteschockgene**, die durch spezielle Transkriptionsregulatoren induziert werden

10.3 Anpassung an pH-Wert

- **pH-Wert**: Konzentration der Wasserstoffionen in einer Lösung: **neutral** (pH = 7), **sauer** pH < 7), **basisch** oder **alkalisch** (pH > 7)
- die meisten Lebensräume weisen einen pH zwischen 5 und 9 auf

Mikroorganismen-Gruppe	pH-Optimum
Acidophile	< 4
Neutrophile	6–7
Alkaliphile	> 8

Acidophile
- mehr Pilze als Bakterien, auch Algen u. a.
- Lebensräume: Zitrusfrüchte, Essig, Milchprodukte, Teile des Verdauungstrakts

Alkaliphile
- meist Bakterien, auch Pilze u. a.
- Lebensräume: z. B. Salzseen, carbonatreiche Böden

Homöostasis
- Aufrechterhalten des intrazellulären pH zwischen 6 und 7 als Schutz der Komponenten gegen Denaturierung
- **aktive Homöostasis**: erfolgt mittels Protonenpumpen, Transporter des Kalium- und Natriumionenkreislaufs
- **passive Homöostasis**: erfolgt durch hohe Pufferkapazität

Säure-Base-Schock-Antwort
- Messung des extrazellulären pH z. B. über Sensoren (Membranproteine) oder Protonierungszustand von Proteinen und DNA
- Induktion von **Säureschock-Proteinen** bei pH < 5
- verschiedene Transkriptionsfaktoren und ein alternativer Sigmafaktor

10.4 Anpassung an osmotische Bedingungen

- Anpassungen an Flutung oder Austrocknung des Lebensraums oder an Extremlebensräume wie Salzseen
- **Wasseraktivität**: Verfügbarkeit von Wasser – Verhältnis der Konzentration von Wasser in der Dampfphase über einem Habitat zur Konzentration über reinem Wasser bei einer bestimmten Temperatur
- Membran einer Zelle **semipermeabel**: durchlässig für Gase und Wasser, aber nicht für geladene polare Verbindungen, v. a. Ionen
- **Osmose**: bei Konzentrationsunterschied zwischen außen und innen strömen Wassermoleküle auf die Seite der höheren Konzentration
- **Turgor**: in der Zelle aufgebauter Überdruck

kompatible Solute
- lösliche organische Substanzen, die Wasser in der Zelle binden und damit eine Austrocknung verhindern
- z. B. Alkohole, Aminosäuren und Zucker (etwa Glycerin, Glycin-Betain, Prolin, Trehalose)
- werden im Cytoplasma von Organismen in Lebensräumen mit stark osmotisch wirkenden Substanzen angereichert

Halophile
- benötigen eine bestimmte Salzkonzentration in ihrem Lebensraum

Mikroorganismen-Gruppe	Spanne der NaCl-Konzentration (mol/Liter)	Optimum
nicht Halophile	0–1,0	< 0,2
leicht Halophile	0,2–2,0	0,2–0,5
moderat Halophile	0,4–3,5	0,5–2,0
extrem Halophile	2,0–5,2	> 3,0
Halotolerante	0 bis >1,0	< 0,2

- **extrem halophil** sind v. a. Archaea, z. B. *Halobacterium*
- **Halotolerante**: können nur kurze Zeit eine erhöhte Salzkonzentration tolerieren
- **Osmophile**: besiedeln zuckerhaltige Lebensräume
- **Xerophile**: besiedeln extrem trockene Lebensräume

Da die meisten Mikroorganismen nicht auf Dauer in Umgebungen mit niedriger Wasseraktivität leben können, kann man Zucker und Salz als **Konservierungsmittel** einsetzen.

Osmoschock-Antwort
- zweiphasiger Anpassungsprozess an Anstieg der Osmolarität (z. B. durch Austrocknen des Lebensraums):
  - Aufnahme großer Mengen von Kaliumionen
  - Anhäufung von kompatiblen Soluten
- **Aquaporine**: porenbildende Wasserkanalproteine, die dem spezifischen Transport von Wassermolekülen durch Membranen dienen.

Für die Strukturaufklärung der Aquaporine erhielten Peter Agre und
Roderick MacKinnon 2003 den Nobelpreis für Chemie.

10.5 Anpassung an Sauerstoffpartialdruck und Sauerstoffstress

- viele Prokaryoten führen Atmung mit **Sauerstoff als terminalem Elektronenakzeptor** durch
- manche können auch andere Elektronenakzeptoren nutzen (z. B. Nitrat, Fumarat)
- andere können hingegen in Anwesenheit von Sauerstoff nicht wachsen

Einteilung nach Wachstumsfähigkeit bei unterschiedlichem Sauerstoffpartialdruck:

Aerobe	– benötigen Sauerstoff als Elektronenakzeptor zur Energiekonservierung
Anaerobe	– können in Anwesenheit von Sauerstoff nicht wachsen – andere terminale Elektronenakzeptoren (z. B. Nitrit) – besitzen meist keine Superoxid-Dismutase, die beim Elektronentransport zum Sauerstoff entstehende reaktive Sauerstoffderivate abbauen kann
fakultativ Anaerobe	– können in Anwesenheit und Abwesenheit von Sauerstoff wachsen – nutzen O_2 oder anderen terminalen Elektronenakzeptor
Mikroaerophile	– optimales Wachstum bei niedrigem Sauerstoffpartialdruck (< 0,2 atm)

fakultativ Anaerobe
- können von aerober zu anaerober Lebensweise übergehen
- z. B. kann *E. coli* eine Vielzahl unterschiedlicher Elektronendonoren und -akzeptoren nutzen
- dabei werden durch Transkriptionsfaktoren bestimmte Gene induziert
- das Regulationsnetzwerk stellt sicher, dass unter anaeroben Bedingungen immer die effizienteste Form der Energiegewinnung genutzt wird

Sauerstoffstress
- Bildung toxischer, **hoch reaktiver Sauerstoffspezies** (Superoxide, Hydroxylradikale, Wasserstoffperoxid), die zelluläre Strukturen zerstören
- Schutz durch Enzymsysteme zur **Entgiftung** dieser Sauerstoffderivate
- **Katalasen** und **Peroxidasen** wandeln H_2O_2 in Wasser um
- **Superoxid-Dismutasen** disproportionieren 2 Moleküle Superoxid (O_2^-) mit Protonen zu H_2O_2 (das durch Katalasen weiter umgewandelt wird)
- **Sauerstoffstress-Antwort** wird über verschiedene Regulationssysteme vermittelt

10.6 Kontrolle von Anabolismus und Katabolismus

> Die meisten Mikroorganismen müssen sich zu bestimmten Zeiten von wachstumsfördernden Bedingungen auf **Mangelbedingungen** umstellen können.
> Dazu gibt es **Regulationsmechanismen** für Anabolismus, Katabolismus und das Überleben bei Wachstumsstillstand (Stationärphase).

Stringente Kontrolle des Anabolismus (*stringent response*)
- Regulationsmechanismus des Anabolismus bei **Aminosäure-** und **Kohlenstoffmangel**
- Induktion der Biosynthese von Aminosäuren
- Induktion der Mobilisierung alternativer Energiequellen
- Reduktion der Energie verbrauchenden Synthese von Proteinen und anderen Baustoffen
- Alarmon: **ppGpp** (Nucleosin-5'-diphosphat-2'-diphosphat)

Regulation des Katabolismus: Katabolitrepression

- Koordination der Verwertung verschiedener Kohlenstoffquellen und Reaktion auf Mangelsituationen durch komplexes Regulationsnetzwerk
- Regulationsmechanismus, durch den bei Anwesenheit einer bevorzugten Kohlenstoffquelle die Expression der Gene für Enzyme für den Abbau alternativer C-Quellen gehemmt wird
- z. B. cAMP-Crp-Modulon von *E. coli*, bei anderen Bakterien auch cAMP-unabhängige Mechanismen
- Alarmon: **cAMP** (zyklisches Adenosinmonophosphat)

Stationärphase

- längerer **Stillstand des Wachstums** bei Nährstoffmangel
- molekulare Anpassungsreaktion, reguliert durch alternativen Sigmafaktor
- möglichst starke Reduktion des Stoffwechsels
- gleichzeitig Vermittlung einer **generellen Stressantwort** auf Nährstoffmangel, Sauerstoffstress, Hitzeschock und Osmoschock

10.7 Weitere Regulationen

Stickstoffassimilation

- Reduktion von NO_2^- zu NH_4^+
- Aktivierung der Stickstoffassimilation bei Mangel an reduziertem Stickstoff (in Form von NH_4^+), Repression bei Überschuss
- Regulation der Glutamin-Synthetase-Reaktion (Glutamat + NH_4^+ + ATP $\rightarrow$ Glutamin + ADP + P_i) durch allosterische Kontrolle und kovalente Modifikation der Glutamin-Synthetase

Stickstofffixierung

- Reduktion von molekularem Stickstoff (N_2) zu 2 NH_3
- katalysiert durch Nitrogenase
- wird wegen hohem ATP-Verbrauch bei NH_4^+-Sättigung verringert
- Regulation über Expression der Nitrogenasegene

Phosphorassimilation

- Regulation der Phosphataufnahme erfolgt in Abhängigkeit von Bedarf und Verfügbarkeit

11. Auswirkungen von Mikroorganismen auf die Natur

Mikroorganismen sind in hohem Maße an den Stoffkreisläufen in der Natur beteiligt.

11.1 Stoffkreisläufe

- Kreisläufe von Stickstoff (N), Kohlenstoff (C), Sauerstoff (O), Schwefel (S) und Phosphor (P)
- beruhen auf geochemischen Prozessen, aber v. a. auf Aktivitäten von Lebewesen
- bei Stickstoff, Kohlenstoff, Sauerstoff und Schwefel wechselt zyklisch der Redoxzustand, Phosphor liegt immer als Phosphat vor
- der Mensch greift durch seine Aktivitäten in Stoffkreisläufe ein

Biologische und geologische Prozesse verschieben die Nährstoffe zwischen organischen und anorganischen Reservoiren

(Campbell S. 1443) gelernt ☐

Biomasse ❗
- von Lebewesen synthetisiertes **organisches Material**
- größtenteils aus Polymeren der Elemente N, C, S und P plus Sauerstoff und Wasserstoff
- **pflanzliche Biomasse**: v. a. Cellulose, Lignin, Hemicellulosen, Pektin
- **tierische Biomasse**: v. a. Proteine, Lipide, Glykogen, Mucopolysaccharide
- **mikrobielle Biomasse**: ähnelt derjenigen der Tiere, weniger Proteine und Lipide, mehr Nucleinsäuren

Prokaryoten sind unentbehrlich für das Recycling chemischer Elemente in Ökosystemen

(Campbell S. 643) gelernt ☐

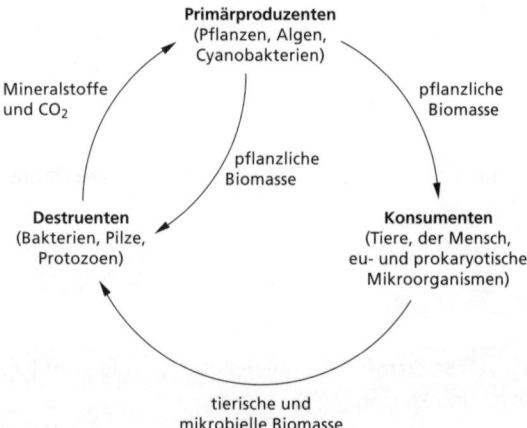

Abb. 11.1: Der Kreislauf der Biomasse. Hinzu kommen noch Auswirkungen des Menschen, die sich auf den Kreislauf auswirken, z. B. durch den Anstieg der Kohlendioxidkonzentration (Treibhauseffekt).

! **Primärproduzenten**
- Organismen, die **oxygene Photosynthese** betreiben
- bilden aus CO_2 organische Kohlenstoffverbindungen
- ihre Biomasse bildet die Nahrungsgrundlage für Chemoheterotrophe
- höhere Pflanzen, Algen, **Cyanobakterien**

Konsumenten
- bauen von Primärproduzenten gebildete Biomasse ab
- gewinnen aus dem Abbau Energie und Vorstufen für Biosynthesen
- synthetisieren aus Abbauprodukten neue Biomasse
- **Chemoheterotrophe**: alle Tiere, **viele Mikroorganismen**

Destruenten
- bauen organische Biomasse zu CO_2, Wasser und anorganischen Salzen (Phosphat, Nitrat, Sulfat) ab (= **Mineralisation**)
- Voraussetzung: **Depolymerisierung der Biomasse**
- dadurch Regeneration der Substrate für Primärproduzenten
- **chemoheterotrophe Mikroorganismen**

Das Destruentensystem verbindet alle trophischen Ebenen

(Campbell S. 1433) gelernt ☐

11.2 Depolymerisierung der Biomasse

- Polymere können von Destruenten nicht direkt metabolisiert werden
- Zerlegung in kleinere Einheiten: **Monomere** oder **Oligomere**
- erfolgt durch **extrazelluläre Enzyme (Exoenzyme)**
- **primäre Produkte**: Mono-, Di- oder Trisaccharide, Aminosäuren oder kurze Peptide, Nucleotide, Oligonucleotide, Fettsäuren
- Geschwindigkeit abhängig von chemischer Natur der Polymere
- Voraussetzung für die **Mineralisation**
- Kohlenstoffgerüste werden größtenteils zu CO_2 oxidiert, ein kleiner Teil zu **Methan** reduziert
- Stickstoff und Schwefel werden als **Ammonium** bzw. **Schwefelwasserstoff** freigesetzt

Während einige Proteine bereits innerhalb weniger Stunden abgebaut sind, kann der Abbau von Lignin und Haaren je nach vorherrschenden Bedingungen bis zu 2000 Jahre dauern. ∎

11.2.1 Depolymerisierung von Polysacchariden

- pflanzliche Biomasse besteht zu 50 % aus den Polysacchariden Cellulose und Hemicellulose (machen somit den Hauptteil der Biomasse der Erde aus)

Cellulose
- Bestandteil der pflanzlichen Zellwand
- lineares Polymer aus β-1,4-glykosidisch verknüpften **Glucoseeinheiten**
- Ketten durch Wasserstoffbrücken verbunden (**Cellulose-Mikrofibrillen**)
- Cellulose spaltende Enzyme = **Cellulasen**

Lignocellulose
- Komplex aus Cellulose-Mikrofibrillen, Hemicellulose und Lignin
- die Komponenten sind kovalent oder über Wasserstoffbrücken verbunden

Depolymerisierung von Cellulose:

- erfolgt in drei Schritten durch cellulolytische Mikroorganismen
- **Endocellulasen** (Endo-β-1,4-Glucanasen) spalten Cellulose in größere Bruchstücke
- **Exocellulasen** (Exo-β-1,4-Glucanasen) spalten von Enden der Bruchstücke **Cellotriose** (Trisaccharid) und **Cellobiose** (Disaccharid) ab
- **Cellobiase** (β-1,4-Glucosidase) zerlegt diese in Glucoseeinheiten

---

! **cellulolytische Mikroorganismen**
- bauen Cellulose ab
- **aerob**: einige Myxobakterien, Actinomyceten, *Bacillus*-Arten, einige Schimmelpilze
- **anaerob**: einige Clostridien, *Fibrobacter*- und *Ruminococcus*-Arten
- **cellulolytische Pilze**: Schimmelpilze (*Aspergillus*, *Trichoderma*), Braunfäulepilze, Weißfäulepilze
- Abbau durch Pilze effektiver als durch Bakterien

 Wiederkäuer können ihre pflanzliche Nahrung nur mithilfe der cellulolytischen Mikroorganismen in ihrem Pansen verwerten. Da Cellulose-Mikrofibrillen und Lignocellulose sehr starr, wasserunlöslich und resistent gegenüber enzymatischer Hydrolyse sind, können sie nur von wenigen Bakterien und Pilzen abgebaut werden.

Hemicellulose

- Bestandteil der pflanzlichen Zellwand
- vorwiegend aus **Xylan** (Polymer aus β-D-Xylose)
- **Abbau** durch **xylanolytische Mikroorganismen**: die meisten cellulolytischen Mikroorganismen, weitere Clostridien, *Thermoanaerobium*-Arten, einige Hefen und Mycelpilze

Depolymerisierung von Hemicellulose:

- erfolgt in zwei Schritten
- **Xylanase** (extrazellulärer Enzymkomplex) spaltet Hemicellulose in Xylobiose (Disaccharid) und Substituenten
- **β-Xylosidase** zerlegt Xylobiose in Xyloseeinheiten

Pektine

* kommen in Steinobst und Beeren vor
* α-1,4-glykosidisch verknüpfte **Galacturonsäurereste**, teils mit Methanolresten verestert

Depolymerisierung von Pektin:

* durch **viele Pilze** und **Bakterien** (aerob und anaerob)
* beteiligte Enzyme: Polygalacturonidase (Pektinase), Oligogalacturonidase, Pektinmethylesterase

Chitin

* Hauptbestandteil der Zellwand von Pilzen und des Exoskeletts vieler Wirbelloser
* β-1,4-glykosidisch verknüpfte **N-Acetylglucosaminreste**

Depolymerisierung von Chitin:

* durch **viele Pilze** und **Bakterien** (z. B. Bacillen, Pseudomonaden)
* beteiligte Enzyme: Chitinasen, N-Acetylglucosaminidase

Stärke

* Hauptspeichersubstanz von Pflanzen
* aus **Amylose** und **Amylopektin** α-1,4-glykosidisch verknüpfte Glucoseeinheiten, bei Amylopektin zusätzlich durch α-1,6-Bindung verzweigt)

Depolymerisierung von Stärke:

* durch sehr viele **Pilze** und **Bakterien** (Bacillen, Pseudomonaden, Streptomyceten, Clostridien)
* beteiligte Enzyme: α-Amylase, Amylo-1,6-Glucosidase, Glucoamylase

11.2.2 Depolymerisierung weiterer Verbindungen

Lignin

* Bestandteil der Zellwand höherer Pflanzen
* häufigste organische Verbindung in der Natur nach Cellulose
* aus **Phenylpropanresten** in Ether- und C–C-Bindung

Depolymesierung von Lignin:

* wegen der komplexen Bindungen nur durch **wenige Pilze** (z. B. Weißfäulepilze)
* beteiligte Enzyme: Lignin-Peroxidase, Mangan-Peroxidase, Laccase (Polyphenoloxidase)
* aromatische Abbauprodukte finden sich im **Humus**

Proteine
- Hauptbestandteil der Biomasse der Konsumenten
- Polymere aus **Aminosäuren**, die über Peptidbindungen verknüpft sind

Depolymerisierung von Proteinen:
- durch **viele Pilze** und **Bakterien**
- Hydrolyse durch extrazelluläre **Proteinasen (Proteasen)** zu Poly-, Oligopeptiden und Aminosäuren
- **Endopeptidasen**: spalten Ketten innerhalb der Proteine
- **Exopeptidasen**: spalten endständige Aminosäuren ab (je nach Ende **Carboxypetidasen** bzw. **Aminopeptidasen**)

Nucleinsäuren
- Bestandteile des genetischen Materials aller Organismen (DNA, RNA)
- aus **Nucleotiden**, die über Phosphodiesterbindung verknüpft sind

Depolymerisierung von Nucleinsäuren:
- rascher Abbau durch **viele Mikroorganismen**
- Spaltung durch **Phosphodiesterasen** in Nucleotide und Oligonucleotide
  - unspezifische: **Nucleasen**
  - spezifische: **Desoxyribonucleasen** (DNasen), **Ribonucleasen** (RNasen)
- **3'- und 5'-Exonucleasen**: spalten endständige Nucleotide ab
- **Endonucleasen**: spalten innerhalb der Nucleotidkette

Lipide
- Membranbestandteile aller Organismen
- als Neutralfette (Triglyceride, Triacylglycerine) Speicherstoffe vieler Eukaryoten
- **Neutralfette**: bestehen aus Glycerin und drei langkettigen Fettsäuren
- gesättigte Fettsäuren (Palmitinsäure, Stearinsäure), ungesättigte Fettsäuren (Ölsäure, Linolsäure, Linolensäure)

Abbau von Lipiden:
- durch **sehr viele Mikroorganismen**
- Abbau durch **Lipasen** in Glycerin und Fettsäuren
- anschließend Einschleusung in Glykolyse (Glycerin) und β-Oxidation (Fettsäuren)

11.3 Kohlenstoffkreislauf

Sechs große **Kohlenstoffvorkommen**:
- anorganische Carbonate in Gesteinen und Sedimenten
- organische Kohlenstoffverbindungen in fossilen Brennstoffen (Kohle, Gas, Erdöl)
- gelöstes Carbonat, Bicarbonat und Kohlendioxid im Meerwasser
- Kohlendioxid in der Atmosphäre
- organische Kohlenstoffverbindungen im Humus
- organische Kohlenstoffverbindungen in lebender und toter Biomasse

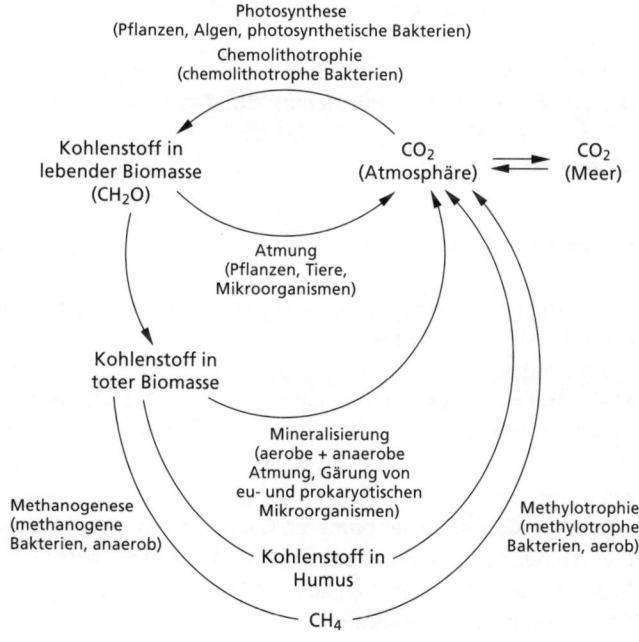

Abb. 11.2: Der Kohlenstoffkreislauf.

! **Kreislauf des Kohlenstoffs** (Abb. 11.2)
- **Antrieb**: Photosyntheseaktivität der Primärproduzenten – Synthese organischer Kohlenstoffverbindungen mit Lichtenergie aus Kohlendioxid und Wasser (**Kohlendioxidfixierung**)
- **Regenerierung** des CO_2 durch aerobe Atmung, Mineralisation, Methanogenese und Methylotrophie
- **Mikroorganismen** haben wesentlichen Anteil:
  - **Cyanobakterien** als Primärproduzenten
  - Abbau der polymeren Verbindungen v. a. durch **Pilze**, **Bakterien** (aber auch Algen, Protozoen)

- Änderung des **Redoxzustands** des Kohlenstoffatoms zwischen –IV und +IV
- 1/3 des Kohlenstoffs wird von Primärproduzenten selbst veratmet, der Rest dient zum Aufbau von Biomasse und somit Konsumenten und Destruenten als C- und Energiequelle
- eng verknüpft mit Sauerstoffkreislauf
- etwa 1 % des umgesetzten Kohlenstoffs wird als Methan freigesetzt

Abbau organischer Kohlenstoffverbindungen durch Mikroorganismen
a. aerober Abbau
- zu CO_2 mit Sauerstoff als Elektronenakzeptor durch **chemoheterotrophe Mikroorganismen**

b. anaerober Abbau
- zu CO_2 mit Nitrat als Elektronenakzeptor durch **Nitratatmer**
- **primäre Gärungen** zu unvollständig oxidierten Produkten: Fettsäuren, Alkoholen, Lactat, Succinat, CO_2, H_2 durch **gärende Mikroorganismen**
- **sekundäre Gärungen** der primären Gärungsprodukte zu Acetat, C_1-Verbindungen, H_2 durch **sekundär fermentative Bakterien**
- Bildung von Methan und CO_2 aus den Produkten der sekundären Gärung durch **Methanbakterien**

Syntrophie (syntrophe Kooperation)
- Gemeinschaft von sekundär fermentativen Bakterien und Methanbakterien
- H_2-Produktion der **sekundär fermentativen Bakterien** liefert Elektronen für Methanbildung
- H_2-Oxidation durch **Methanbakterien** hält Wasserstoffpartialdruck im Lebensraum niedrig
- niedriger Wasserstoffpartialdruck ist Voraussetzung für weitere H_2-Produktion

11.4 Stickstoffkreislauf

Stickstoffvorkommen in der Natur:

- elementarer Stickstoff (N_2): 99 % des Gesamtstickstoffs
- in oxidierter Form: Nitrat (NO_3^-), Nitrit (NO_2^-)
- in reduzierter Form: Ammonium (NH_4^+), Ammoniak (NH_3)
- Anteil an der Biomasse: 15 %
- Aufnahme meist in Form von **Ammonium**

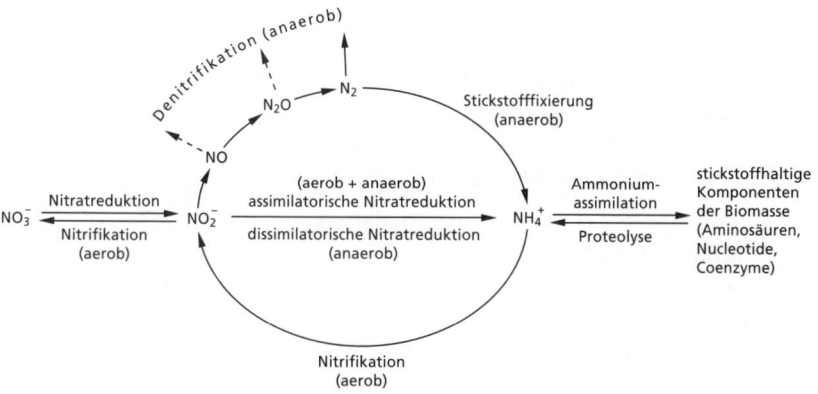

Abb. 11.3: Der Stickstoffkreislauf.

Kreislauf des Stickstoffs (Abb. 11.3)   **!**

- **Bildung von Ammonium**: durch **Proteolyse** (Proteinabbau), **assimilatorische** oder **dissimilatorische Nitratreduktion (Nitratammonifikation)**, **Fixierung von molekularem Stickstoff**
- **Ammoniumassimilation**: Einbau von NH_4^+ in Zellbestandteile durch Aminierung und Transaminierung
- **Nitrifikation**: aerob
- **Denitrifikation**: anaerob
- beteiligte Mikroorganismen von großer Bedeutung, v. a. **Bakterien**
- Stickstofffixierung, dissimilatorische Nitratreduktion, Nitrifikation und Denitrifikation **ausschließlich durch Prokaryoten**

- Änderung des **Redoxzustands** des Stickstoffatoms zwischen –III und +V

Ammoniumbildung durch Proteolyse
- Hydrolyse von Proteinen zu Aminosäuren
- Ammonium wird durch **oxidative Desaminierung** aus Aminosäuren freigesetzt
- aerob oder anaerob

Ammoniumbildung durch Nitratreduktion
- Reduktion von Nitrat über Nitrit zu Ammonium

a. *assimilatorische Nitratreduktion*
- aerob oder anaerob durch **Pflanzen, Pilze** und **Bakterien**
- Katalyse durch lösliche Enzyme im Cytoplasma
- gebildetes Ammonium wird in Zellsubstanz eingebaut

b. *dissimilatorische Nitratreduktion (Nitratammonifikation)*
- anaerob durch Bakterien
- Katalyse durch membranständige Enzyme
- gebildetes Ammonium wird ausgeschieden

Ammoniumbildung durch Stickstofffixierung
- Reduktion von N_2 zu Ammonium
- Nutzbarmachung des atmosphärischen Stickstoffs ausschließlich durch Prokaryoten
- **frei lebende Stickstofffixierer**: z. B. Cyanobakterien, einige Clostridien, *Azotobacter*
- **symbiontische Stickstofffixierer**: Symbiose mit Gräsern und Leguminosen, z. B. Rhizobien (**Knöllchenbakterien**)
- Katalyse ausschließlich **anaerob** durch Nitrogenase-Komplex

Nitrogenase-Komplex
- Enzymkomplex zur Reduktion von N_2 zu Ammonium
- Komponenten: **Nitrogenase-Reductase** und **Nitrogenase** (Dinitrogenase)
- Reaktion erfordert sehr viel Energie

 Der **Nitrogenase-Komplex** ist äußerst sauerstoffempfindlich und wird durch Sauerstoff irreversibel gehemmt. Daher haben aerobe Stickstofffixierer entsprechende Schutzmechanismen entwickelt.

Schutzmechanismen für die Nitrogenase:

a. *Atmungsschutz*
- Senkung der O_2-Konzentration in der Zelle durch erhöhte Atmungsrate
- z. B. *Azotobacter*

b. *Heterocysten*
- spezielle dickwandige Zellen zur Stickstofffixierung in fädigen Cyanobakterien
- besitzen kein Photosystem II

c. *Konformationsschutz*
- reversible Inaktivierung der Nitrogenase durch ein Schutzprotein
- bewirkt Konformationsänderung bei erhöhter O_2-Konzentration

Symbiosen zur Stickstofffixierung !
- **Vorteil für Pflanzen**: Versorgung mit Stickstoff (Unabhängigkeit von anderen Stickstoffquellen wie Ammonium und Nitrat)
- **Vorteil für Bakterien**: Versorgung mit organischen Kohlenstoffverbindungen

- Bildung von **Wurzelknöllchen bei Leguminosen** durch **Rhizobien**
- intrazelluläre Vermehrung der Bakterien und Umwandlung zu **Bacteroiden**
- O_2-Schutz der Nitrogenase durch pflanzliches **Leghämoglobin**
- **Actinorrhiza**: Wurzelknöllchen an Erle, Sanddorn und Ölweide durch den Actinomyceten *Frankia alni*

assoziative Symbiosesysteme
- Bakterien leben nicht in den Wurzelzellen, sondern auf der Wurzeloberfläche und im Interzellularraum
- typisch für Gräser (auch Reis und Mais)

Nitrifikation
- Oxidation von Ammonium über Nitrit zu Nitrat
- aerob durch **nitrifizierende Bakterien (Nitrifikanten)**:
  - **Ammoniumoxidierer** oxidieren Ammonium zu Nitrit, z. B. *Nitrosomonas*
  - **Nitritoxidierer** oxidieren Nitrit zu Nitrat, z. B. *Nitrobacter*

Aus industriellen Abwasseranlagen wurde auch eine **anaerobe Ammoniumoxidation** beschrieben. Die daran beteiligten Organismen sind aber noch nicht bekannt.   *Annamox*

Denitrifikation

- Reduktion von Nitrat und Nitrit zu N_2, der in die Atmosphäre entweicht
- anaerob durch **denitrifizierende Bakterien (Denitrifikanten)**
- anaerober, membrangebundener Prozess zur Energiekonservierung
- bildet zusammen mit der dissimilatorischen Nitratreduktion die **Nitratatmung**

11.5 Der Schwefelkreislauf

Im Schwefelkreislauf v. a. vorkommende **Formen von Schwefel**:
- Sulfat (SO_4^{2-})
- elementarer Schwefel (S^0)
- Sulfid (HS^-)
- Schwefelwasserstoff (H_2S)
- organisch gebundener Schwefel (SH-Gruppe)

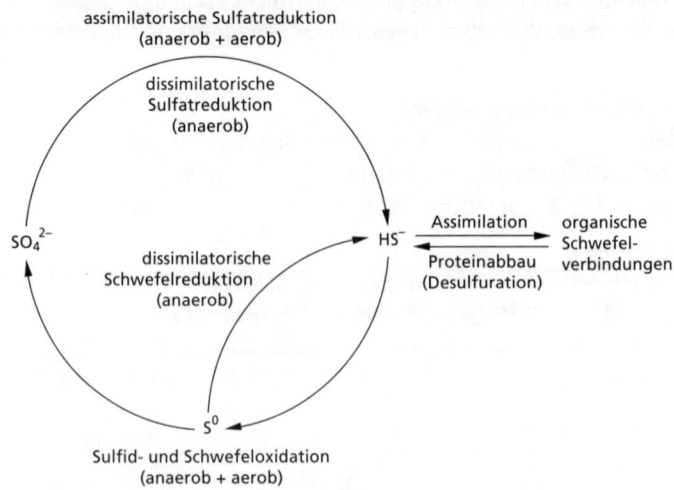

Abb. 11.4: Der Schwefelkreislauf.

Kreislauf des Schwefels (Abb. 11.4)
- die meisten Prozesse erfolgen durch prokaryotische Mikroorganismen
- Änderung des **Redoxzustands** des Schwefelatoms zwischen –IV und +VI

assimilatorische Sulfatreduktion
- Reduktion von Sulfat über Sulfit zu Sulfid im Cytoplasma
- aktivierte Zwischenstufen: APS (Adenosin-5'-Phosphosulfat) und PAPS (Phosphoadenin-Phosphosulfat)
- gebildetes Sulfid wird in Zellkomponenten (z. B. Cystein, Methionin) eingebaut
- durch **Mikroorganismen** und **Pflanzen**

dissimilatorische Sulfat- und Schwefelreduktion
- Reduktion von Sulfat und Schwefel zu Sulfid (aktivierte Zwischenstufe nur APS)
- gebildetes Sulfid wird ausgeschieden
- anaerober Prozess zur Energiekonservierung
- nur durch **Bakterien (Sulfatreduzierer)**

Desulfuration
- Freisetzung von Sulfid aus organischem Material, v. a. Proteinen (Mineralisation)

Sulfid- und Schwefeloxidation
- Oxidation von Sulfid (über Sulfit) und Schwefel zu Sulfat bzw. Schwefelsäure
- **aerob**: durch farblose Schwefeloxidierer, z. B. *Thiobacillus*
- **anaerob**: durch phototrophe Schwefelbakterien

11.6 Der Phosphorkreislauf

- Phosphor in der Natur: fast ausschließlich als **Phosphat** (PO_4^{3-})
- Wechsel zwischen anorganischem und organisch gebundenem Phosphat
- beide Formen liegen größtenteils immobilisiert vor
- Mobilisierung des gebundenen Phosphats durch Mikroorganismen (Bakterien, Pilze)
- **Redoxzustand** des Phosphoratoms ist immer +V

12. Besiedlung des Menschen durch Mikroorganismen

Die Besiedlung des Menschen mit Mikroorganismen kann sich wie bei anderen Lebewesen positiv oder negativ auswirken.

Viele Prokaryoten leben mit anderen Organismen eng zusammen

(Campbell S. 643) gelernt ☐

Beziehung zwischen Wirt und Mikroorganismus: **!**

Symbiose (auch als **Mutualismus** bezeichnet)	Vorteile für beide Partner
Kommensalismus	Vorteile für den Mikroorganismus, keine Nachteile für den Wirt
Parasitismus	Vorteile für den Mikroorganismus, Nachteile für den Wirt

12.1 Physiologische Mikroflora (Normalflora)

Normalflora oder physiologische Mikroflora **!**
- Besiedlung des gesunden Körpers mit Mikroorganismen: **Bakterien, Pilze** und **Protozoen**
- **besiedelte Bereiche des Körpers**: Haut, Mundhöhle, Speiseröhre und Magen, Dünndarm, Dickdarm, Harnröhre, Vagina
- Besiedlung der verschiedenen Körperregionen unterschiedlich dicht (am dichtesten im **Dickdarm** mit 10^{12} Keimen pro Gramm Darminhalt)
- Mikroflora bietet Wirt **Schutz vor Besiedlung durch Krankheitserreger** durch Konkurrenz um Nahrung und Rezeptoren der Wirtszellen, Bildung von Bakteriocinen, Säurebildung und Stimulierung des Immunsystems
- **Darmflora**: im Dünn- und Dickdarm lebende Mikroorganismen

Säureschutzmantel
- v. a. auf der Haut lebende **Bakterien** mit Haftvermögen und **Hefen**
- Senkung des pH-Werts von Körperregionen durch mikrobielle Säurebildung auf 5 bis 6
- bietet Schutz vor der Ansiedlung pathogener Keime (Haut, Vagina, Darm gestillter Säuglinge)

Die **Dickdarmflora** von gestillten Säuglingen besteht zu über 99 % aus **Bifidobakterien**, welche die Lactose der Muttermilch zu Milchsäure und Essigsäure vergären. Der dadurch relativ saure pH ist vermutlich die Ursache für die erhöhte Resistenz gegenüber viralen und bakteriellen Infektionen.

Eine mikrobielle Besiedlung des unteren **Respirationstraktes** wird durch Schleim und Flimmerhärchen verhindert.
Einige in der **Mundhöhle** lebende Mikroorganismen, v. a. *Streptococcus mutans*, *S. sanguis*, *S. mitis* und *Actinomyces viscosus*, fördern die Entstehung von Zahnbelägen (Plaques). Darin können sich Säure bildende Streptokokken ansiedeln, die zur Bildung von **Karies** beitragen.

Im **Darmtrakt** des Menschen leben etwa 400 bis 500 verschiedene Arten von Mikroorganismen, u. a. Bakterien, welche die wichtigen Vitamine B_{12}, K, Folsäure oder Biotin synthetisieren.

- **residente Standortflora**: ständig in einem Körperbereich vorhandene Mikroflora
- **transiente Flora (Anflugkeime)**: nur vorübergehend in einem Körperbereich vorhandene Flora, kann u. U. zu residenter Standortflora werden

Normalflora des Menschen:

besiedelte Körperregion	Mikroorganismen (Auswahl)	Wirkung
Haut	Staphylococcus, Propionibacterium, Micrococcus, Corynebacterium, Hefen u. a.	Säureschutzmantel
Mundhöhle	Streptokokken, Actinomyceten, Neisserien, Lactobacillen, Staphylokokken, Enterokokken, Hefen u. a.	Förderung der Kariesentstehung bei zuckerhaltiger Ernährung
Speiseröhre und Magen	v. a. transiente Keime der Mundhöhlenflora und speziell angepasste Bakterien wie Helicobacter pylori	H. pylori kann Gastritis und Magengeschwüre auslösen
Dünndarm	Fusobakterien, Bifidobakterien, Lactobacillen u. a.	Vitaminsynthese, Entgiftung von Toxinen, Senkung des pH-Werts, Cholesterinabbau, Aktivierung und Inaktivierung von Arzneistoffen, Förderung der Darmperistaltik, Immunstimulation
Dickdarm	Bacteroides, Bifidobacterium, Eubacterium, Enterokokken u. a.	wie Dünndarm
Harnröhre	Hautflora aus der Umgebung, Streptokokken u. a.	Aufsteigen der Keime kann Harnwegsinfektion verursachen
Vagina	Lactobacillen, Streptokokken u. a.	Säureschutz, Haut- und Dickdarmkeime können Infektionen verursachen

12.2 Krankheitserreger (Pathogene)

Pathogene Prokaryoten verursachen viele menschliche Krankheiten

☐ *gelernt (Campbell S. 644)*

 Pathogene
- kommen in der Regel von außen und verursachen **exogene Infektionen** (ausgelöst durch Mikroorganismen aus der Umwelt)
- **endogene Infektionen:** können unter bestimmten Bedingungen (z. B. Antibiotikatherapie, Immunschwäche) durch Mikroorganismen der Normalflora ausgelöst werden
- **opportunistische (fakultative) Krankheitserreger:** Mikroorganismen der Normalflora, die nur in Ausnahmen Krankheiten verursachen
- **obligat pathogene Krankheitserreger:** Mikroorganismen aus der Umwelt, die Pathogenitätsfaktoren besitzen und stets Krankheiten auslösen
- **Pathogenitätsfaktoren:** Eigenschaften, die Pathogenität verursachen
- **Wachstumstypen** von Pathogenen: **Eitererreger, Toxinbildner, intrazelluläre Mikroorganismen**

Übertragung von Krankheitserregern
- **direkt:** durch Kontakt- oder Tröpfcheninfektion (von Menschen oder Tieren)
- **indirekt:** durch Vektoren, verseuchtes Wasser, Lebensmittel, Erde, Staub, Luft, kontaminierte Gegenstände
- **vertikal:** über die Placenta auf den Fötus
- **iatrogen:** über unsterile Instrumente bei ärztlichen Maßnahmen
- **Vektoren:** Blut saugende Insekten, die Krankheitserreger zwischen Warmblütern übertragen, selbst aber nicht erkranken
  - sind häufig erforderlich für den Entwicklungszyklus des Erregers (z. B. Malaria)

Toxine
- von Bakterien produzierte Gifte
- **Exotoxine:** werden von Bakterien sezerniert und gelangen selbständig zu den Zielzellen
- **Endotoxine:** als starke Antigene wirkende Zellwandbestandteile gramnegativer Bakterien (Lipopolysaccharide)

Beispiele für Pathogenitätsfaktoren (Virulenzfaktoren)
- **Haftvermögen** an Zielzellen (z. B. durch Pili)
- Fähigkeit zur **Besiedlung** der Wirtszelle und **Vermehrung** im Wirt (extra- oder intrazellulär)
- Besitz einer **Schleimkapsel** als Schutz vor Phagocytose (maskiert Antigene auf der Zellwand und erschwert so die Erkennung durch Abwehrzellen)
- Fähigkeit zur Produktion **zellschädigender Enzyme** und **Toxine** (Exotoxine)

Manche **Tierpathogene** können auch **humanpathogene** Wirkung zeigen: z. B. Tollwutvirus, *Yersinia pestis* (Erreger der Pest).

12.3 Infektionskrankheiten

- durch Aufnahme von Pathogenen kann beim Wirt eine **Infektion** auftreten
- **Inkubationszeit**: Zeitraum zwischen Aufnahme der Erreger und Auftreten erster Symptome
- **Ansteckung** ist schon vor Auftreten von Symptomen möglich
- zwei Formen des **Krankheitsverlaufs**: mit sichtbaren Symptomen (**manifest**) oder ohne sichtbare Symptome, aber mit Antikörperbildung (**inapparent**)
- Infektionskrankheiten können **lokal begrenzt** oder **generalisiert** (durch Blut und Lymphe im gesamten Organismus ausgebreitet) sein
- **Letalität**: Anzahl der an einer bestimmten Krankheit Verstorbenen im Verhältnis zu den Erkrankten in Prozent (= Maß für die Gefährlichkeit des Erregers)

Formen der Ausbreitung von Krankheiten:

Endemie	ständiges Auftreten in einem Gebiet mit recht konstantem Niveau, z. B. Malaria
Epidemie	plötzliches Auftreten in einem begrenzten Gebiet; flaut nach einiger Zeit wieder ab
Pandemie	weiträumige bis weltweite Ausbreitung einer Epidemie, z. B. Pest

Bundesseuchengesetz

- Gesetz zur Verhütung und Bekämpfung von Infektionskrankheiten beim Menschen; regelt u. a. die Meldepflicht
- soll demnächst von **Infektionsschutzgesetz** ersetzt werden

Meldepflicht

- gesetzliche Verpflichtung zur Meldung bestimmter Erkrankungen durch medizinisches Personal
- Regelung nach Art und Schwere der Krankheiten in fünf Kategorien: bei Krankheitsverdacht, Erkrankung, Tod, Dauerausscheidern von Erregern (z. B. Salmonellen), Verletzung oder Berührung (z. B. Tollwut)

!
- **humanpathogene Mikroorganismen** kommen in allen Gruppen vor: **Pilze, Protozoen, Bakterien, Viren**
- **Virulenz:** Gefährlichkeit eines Erregers; abhängig von Übertragungsweg und Umweltresistenz

---

Krankheitskeime, die auf eine rasche Weitergabe von Mensch zu Mensch angewiesen sind, beeinträchtigen den Wirt meist nur geringfügig (z. B. Schnupfenviren). Viele indirekt (z. B. über Vektoren oder verseuchtes Wasser) übertragene Erreger lösen hingegen einen oft schweren Krankheitsverlauf aus, der mitunter sogar tödlich endet.

$ Pilzkrankheiten

- Voraussetzung meist Schwächung der Immunabwehr des Wirtes
- **Dermatophyten:** verursachen oberflächliche Mykosen an Haut, Nägeln und Haaren
- **Hefen:** verursachen Systemmykosen, z. B. Soor durch *Candida albicans*
- **Schimmelpilze:** verursachen z. B. Aspergillose (*Aspergillus*)
- Therapie durch **fungizide Antibiotika**

Protozoenkrankheiten

- oft übertragen durch Blut saugende Insekten, aber auch Wirtswechsel zwischen Mensch und Säugetier
- oft **endemisch** in den Verbreitungsgebieten der übertragenden Insekten
- Therapie durch **Sulfonamide** und Spezialpräparate, gegen die es allerdings möglicherweise **Resistenzen** gibt (z. B. Malariamittel)

Beispiele:

Krankheit	Erreger (Protozoon)	Übertragung
Amöbenruhr	*Entamoeba histolytica*	zystenhaltiges Trinkwasser, Lebensmittel
Trichomoniasis	*Trichomonas vaginalis*	sexuelle Übertragung
Toxoplasmose	*Toxoplasma gondii*	Katzenkot, rohes Fleisch
Afrikanische Schlafkrankheit	*Trypanosoma*-Arten	Tsetsefliege
Malaria	*Plasmodium*-Arten	Anophelesmücke

Eine Darstellung des Entwicklungszyklus und Wirtswechsels des Malaria-Erregers Plasmodium *findet sich in Abbildung 28.13 in Campbells Biologie.*

(Campbell S. 664) gelernt ☐

An der in den Tropen und Subtropen verbreiteten **Malaria** sind weltweit etwa 300 bis 500 Millionen Menschen erkrankt, über 2 Millionen sterben jährlich daran. Die gefährlichste Form ist Malaria tropica (über 95 % der Todesfälle). Gegen alle Wirkstoffe gibt es mittlerweile resistente Plasmodienstämme.

§ Viruskrankheiten
- hierzu zählen viele **Kinderkrankheiten** (Windpocken, Masern, Röteln, Mumps)
- Übertragung auf sehr unterschiedlichen Wegen
- Entwicklung von Impfstoffen oft wegen hoher Antigenvariabilität der Erreger und Anzahl der pathogenen Stämme schwierig (z. B. Influenza)
- Therapie: meist gegen Symptome gerichtet, in schweren Fällen **antivirale Substanzen**

Beispiele:

Krankheit	Erreger (Virus)	Übertragung
Windpocken	Varizella-Zoster-Virus	Tröpfchen-infektion
Masern	Morbillivirus	Tröpfchen-infektion
Röteln	Rubellavirus	Tröpfchen-infektion, über die Placenta
Poliomyelitis (Kinderlähmung)	Poliomyelitisvirus	Wasser, Lebensmittel
FSME (Frühsommer-Meningoenzephalitis)	FSME-Virus	Zecken
Tollwut	Rhabdovirus	tollwütiges Tier
Hepatitis A, B, C, D, E (Symptom aller Formen: **Gelbsucht**)	verschiedene Hepa-titisviren (RNA-Viren, bei Hepatitis B DNA-Virus)	A, E: Wasser Lebensmittel; B, C, D: Blut, andere Körper-flüssigkeiten
Aids	HIV	Blut, andere Kör-perflüssigkeiten

Impfungen
- **Röteln-Schutzimpfung**: schon für Kleinkinder wegen Gefahr einer **Rötelnembryopathie** (Fehlgeburt oder bleibende Schäden bei Rötelninfektion der Mutter im ersten Schwangerschaftsdrittel)
- **Schluckimpfung**: orale Impfstoffeinnahme, z. B. gegen Kinderlähmung
- **Hepatitis**-Impfstoffe: bisher nur gegen Hepatitis A und B entwickelt

hämorrhagische Viren
- verursachen Blutungen durch toxische Gefäßschädigungen
- z. B. Gelbfiebervirus, Marburg-Virus, Ebola-Virus

Eine der verbreitetsten Infektionskrankheiten ist auch heute noch **Tuberkulose**: Weltweit sind ca. 1,7 Milliarden Menschen infiziert und 20 Millionen erkrankt; jährlich sterben daran 3 Millionen und 8 Millionen infizieren sich neu.

§ Bakterielle Krankheiten

- können in der Umgebung der Eintrittsstelle (Schleimhäute, Verletzungen) auftreten oder sich im ganzen Körper ausbreiten und alle Organe betreffen
- Übertragung auf viele verschiedene Weisen direkt oder indirekt
- Therapie durch **Antibiotika** und **Sulfonamide**, Vorbeugung durch **Impfstoffe**
- Entwicklung resistenter Stämme

Beispiele:

Krankheit	Erreger (Bakterien)	Übertragung
Angina, Scharlach	*Streptococcus-pyogenes*-Stämme	Tröpfchen- oder Kontaktinfektion
Furunkel, Gastroenteritis	*Staphylococcus-aureus*-Stämme	Tröpfchen- oder Kontaktinfektion
Meningitis	*Neisseria meningitidis, Haemophilus influenzae* B u. a.	Tröpfcheninfektion
Diphtherie	*Corynebacterium diphtheriae*	Tröpfcheninfektion
Keuchhusten	*Bordetella tussis*	Tröpfcheninfektion
Typhus	*Salmonella typhi*	Wasser, Lebensmittel
Tuberkulose	*Mycobacterium tuberculosis, M. bovis*	Tröpfcheninfektion, infizierte Milch
Legionärskrankheit	*Legionella pneumophila*	Klimaanlagen, Wasserreservoire
Cholera	*Vibrio cholerae*	Wasser
Bakterienruhr	*Shigella*-Arten	Wasser
Magengeschwüre	*Helicobacter pylori*	nicht geklärt
Gastroenteritis	pathogene *E. coli*-Stämme u. a.	Wasser, Lebensmittel

12.4 Infektionsvorbeugung und -bekämpfung

Methoden zur Infektionsvorbeugung
- **Quarantäne**: Isolieren von Infizierten
- **Entwesung**: Bekämpfen der tierischen Überträger
- **Desinfektion**: Abtöten der pathogenen Mikroorganismen (keimarmes Material)
- **Sterilisation**: Abtöten sämtlicher Mikroorganismen (keimfreies Material)
- **Schutzimpfung (Vakzination)**: Induzieren der Bildung von Antikörpern, die vor einer späteren Infektion schützen (Immunisierung des Wirtes)

Impfstoffe:

Totimpfstoffe	aus abgetöteten Erregern oder Bestandteilen von Erregern
Lebendimpstoffe	aus abgeschwächten, vermehrungsfähigen Erregern
Toxoidimpfstoffe	aus entgiftetem Toxin

Infektionsbekämpfung   !
- **Kausaltherapie**: Bekämpfung der Ursache (der pathogenen Mikroorganismen) anstelle der Symptome einer Krankheit durch **Antibiotika** und **Sulfonamide**

Nachteile der Anwendung von Antibiotika
- Begünstigung endogener Infektionen durch **Schädigung der Normalflora** (fördert andere Mikroorganismen wie Hefen)
- Entwicklung von **Allergien** gegen die Antibiotika (z. B. Penicillin-allergie)
- Entwicklung von **Resistenzen**

Entscheidende Schritte bei der Bekämpfung bakterieller Infektionen waren die Entdeckungen von **Antibiotika** (1929) und **Sulfonamiden** (1933). Bestimmte Antibiotika und Sulfonamide können auch gegen Pilz- und Protozoeninfektionen eingesetzt werden.

Resistenzen

- Widerstandsfähigkeit von Mikroorganismen gegen **Antibiotika** und andere **Chemotherapeutika**
- Selektion resistenter Stämme wird gefördert durch massive Antibiotikaanwendung in Krankenhäusern und in der Tierzucht
- führen häufig zu **Krankenhausinfektionen** (Infektionen, die im Krankenhaus erworben werden)
- **Gegenmaßnahme**: Anwendung von Antibiotika auf das Notwendigste beschränken
- Lokalisierung der Gene oft auf **Resistenzplasmiden**
- diese können leicht weitergegeben und auch zwischen Arten ausgetauscht werden
- **Multiresistenz**: gleichzeitige Resistenz gegen mehrere Antibiotika

13. Biotechnologie

Biotechnologie !
- **industrielle Nutzung** der biochemischen Leistungen von Mikroorganismen
- unterliegt strengen **Sicherheitsbestimmungen**
- heute ein bedeutender Industriezweig mit großer wirtschaftlicher Bedeutung
- zur **Produktion und Konservierung von Nahrungs- und Genussmitteln** werden Mikroorganismen schon sehr lange genutzt, z. B. für alkoholische Getränke, Backwaren, Käse, Sauerkraut
- in der Arzneimittel- und Enzymproduktion heute häufiger Einsatz **gentechnisch veränderter Mikroorganismen**

Menschen nutzen Prokaryoten in Forschung und Biotechnologie

(Campbell S. 645) gelernt ☐

13.1 Nutzung in der Industrie

Industriell genutzt werden meist **Bakterien** oder **Pilze**.

Sicherheit

a. *GRAS-Status:* generally recognised as safe
- Organismus, einzelne Substanz oder Lebensmittel wird als sicher eingestuft
- erst dann darf ein Mikroorganismus gentechnisch verändert werden

b. *STIFF-Status:* safe tradition in food fermentation
- Organismus wird seit langem als Starterkultur in der Lebensmittelfermentation verwendet

Sreening

- Versuchsreihen, in denen neue Mikroorganismen oder Wirkstoffe auf ihre Eignung für die industrielle Nutzung getestet werden
- wichtig sind Sicherheit und Wirtschaftlichkeit sowie eine möglichst hohe Ausbeute
- Züchtung häufig auf Abfallprodukten anderer Produktionsprozesse (z. B. Melasse, Molke), die preiswert sind und viele Nährstoffe enthalten

Stammoptimierung

- genetische Optimierung von Mikroorganismen zum Einsatz als **Produktionsstamm** (= für die industrielle Produktion einer Substanz optimierter Mikroorganismenstamm)
- durch klassische genetische Methoden (induzierte Mutation und **Selektion**) oder **Gentechnik** (gezieltes Einbringen von Genen)
- gentechnische Veränderungen nur an Stämmen mit GRAS- oder STIFF-Status (s. o.)
- neue Produktionsstämme werden als Patent angemeldet und an die **DMSZ** (Deutsche Sammlung von Mikroorganismen und Zellkulturen) gesandt

Scale up

- Umsetzung eines Produktionsverfahrens vom Labor- in industriellen Maßstab (erfolgt in mehreren Schritten)
- Volumen von Laborgefäßen meist < 1 Liter
- Volumen industrieller Fermenter u. U. 100 000 Liter und mehr
- erfordert optimale Anpassung aller Wachstumsparameter, v. a. ausreichende O_2-Zufuhr

13.2 Nutzung zur Nahrungsmittelherstellung

 Die ersten alkoholhaltigen Getränke wurden bereits von rund 8000 Jahren im alten Ägypten gebraut. Zur gleichen Zeit wurde im Gebiet des heutigen Irak Käse produziert. Auch für Backwaren aus Hefe oder Sauerteig werden Mikroorganismen schon sehr lange genutzt.

Nutzung von Mikroorganismen als Nahrungsmittel
- *Single Cell Protein*: Zellen von Mikroorganismen als proteinreiche Nahrungsmittel
  - Verwendung als Tierfutter und Nahrungsergänzung beim Menschen (meist Hefen in Tablettenform)
- Zucht als **Nahrungsmittel**: verschiedene **Pilze** (z. B. Champignons, Shiitake-Pilze)
- größere Bedeutung: **Herstellung** und **Konservierung** von Nahrungsmitteln mithilfe von Mikroorganismen (z. B. durch Vergärung von Kohlenhydraten)

Beispiele für Mikroorganismen in Starter- und Schutzkulturen:

Mikroorganismus	Anwendung
Saccharomyces cerevisiae	Brauwesen, Backindustrie
Saccharomyces ellipsoides	Weinherstellung
Lactobacillus bulgaricus	Joghurt
Lactobacillus acidophilus, Streptococcus cremoris	Bioghurt
Streptococcus lactis, Leuconostoc cremoris	Sauerrahm, Buttermilch
Penicillium roquefortii	Roquefort-Käse
Penicillium chrysogenum	Penicillinproduktion
Penicillium nalgiovensis, Staphylococcus carnosus, Streptomyces griseus	Rohwurstherstellung
Lactobacillus platarum, Enterococcus faecium	Silageherstellung

Kulturen zur Herstellung oder Konservierung von Lebensmitteln:

Starterkulturen	– verändern gezielt die chemische Zusammensetzung fermentierter Lebensmittel – oft gentechnisch optimiert	z. B. Milchsäurebakterien, Hefen, einige Schimmelpilze
Schutzkulturen	hemmen das Wachstum von Pathogenen in Lebensmitteln	z. B. Milchsäurebakterien
Indikator-kulturen	Nachweis von Schadstoffen und Pathogenen in Lebensmitteln für technische Zwecke	z. B. *Bacillus stearothermophilus*

GVO: gentechnisch veränderte Organismen
- Veränderung erfolgt auf eine Weise, wie sie in der Natur nicht vorkommt
- bei Übertragung von Genen über Artgrenzen hinweg entstehen **rekombinante Organismen**
- neben Nahrungsmittelproduktion zahlreiche weitere Anwendungsbereiche für GVO
- Regelung durch Gentechnikgesetz und Novel-Food-Verordnung

GVO-Kategorien bei Lebensmitteln
- **Lebensmittel ist selbst der GVO**: Tomate, Reis, Mais, Kartoffel, Sojabohne
- **Lebensmittel enthält lebende GVO**: Joghurt (Milchsäurebakterien)
- **Lebensmittel enthält Produkte von GVO oder inaktivierte GVO**: z. B. Zucker, Stärke, Öle, Aminosäuren, Enzyme, Vitamine

Gentechnikgesetz
- deutsches Gesetz zum Umgang mit vermehrungsfähigen GVO
- Anwendungsbereiche: gentechnische Anlagen und Arbeiten, Freisetzungen, Produkte mit lebenden GVO

Novel-Food-Verordnung
- regelt Inverkehrbringen und Etikettierung neuartiger Lebensmittel und Lebensmittelzutaten in der EU
- Anwendungsbereich: bisher im EU-Raum unübliche Lebensmittel und Lebensmittelzutaten, die einer von sechs definierten Gruppen zugeordnet werden können

Die Gentechnik wirft grundlegende Fragen der Sicherheit und Ethik auf

(Campbell S. 465) gelernt ☐

Chymosin (Labferment)

- zur Käseherstellung verwendetes Enzym zur Abspaltung von Casein bei der Dicklegung von Milch
- traditionell aus Kälbermagen gewonnen
- gentechnisch von Mikroorganismen produziert (Bakterien, Hefen, Schimmelpilze)

gentechnisch optimierte Starterkulturen

- mit gentechnischen Methoden optimierte Starterkulturen für die Lebensmittelfermentation
- Ziele: Virusresistenz, bessere Substratverwertung, Beschleunigung des Produktionsprozesses
- Stämme bisher von der EU noch nicht zugelassen

Selbstklonierung

- genetische Veränderung eines Organismus ohne Einführung von Fremdgenen (heterologer DNA) – kein eigentlicher GVO

Hinsichtlich der Akzeptanz der Gentechnik in der Bevölkerung gibt es große Unterschiede: Der Einsatz gentechnischer Methoden in der Medi-zin (**rote Gentechnik**) wird weitgehend als sinnvoll akzeptiert, gen-technisch veränderte Pflanzen (**grüne Gentechnik**) und Lebensmittel hingegen stoßen vielfach auf Widerstand. ∎

13.2.1 Nutzung der Fermentation

Fermentierte Nahrungsmittel

- hergestellt durch Fermentation verschiedener Rohstoffe mit Mikroorganismen
- **Sauermilchprodukte**: z. B. Käse, Quark, Joghurt
- **fermentierte Gemüseprodukte** (zur Haltbarmachung unter Zugabe von Salz): Sauerkraut, Mixed Pickles, Salzgurken
- **fermentierte Getreideprodukte**: Sauerteigbrot, Sojasauce, Tempeh
- auch Haltbarmachung von Viehfutter als **Silage** durch Milchsäurebakterien

Fermentation durch Hefen
- Vergärung von **Glucose** zu **Ethanol**
- Herstellung von **alkoholischen Getränken** (Bier, Wein), aber auch **Industriealkohol**
- Alkoholgehalt abhängig von der Menge der verfügbaren Kohlenhydrate und der Alkoholtoleranz der Mikroorganismen (Weinhefen ca. 10–15 %)
- Herstellung höherprozentiger Getränke durch Destillation des Fermentationsprodukts

Bierherstellung
- **Brauhefen:** Vergären die bei der Keimung der Braugerste (Malzherstellung) durch Hydrolyse der Stärke freigesetzte Glucose zu Ethanol
- **obergärige Hefe** (*Saccharomyces carlsbergiensis*): steigt an die Oberfläche (Weizen, Alt, Kölsch)
- **untergärige Hefe** (*S. cerevisiae*): sinkt auf den Boden (Pils, Export)
- **Deutsches Reinheitsgebot:** deutsches Bier darf nur aus Wasser, Malz, Hopfen und Hefe gebraut werden

Weinherstellung
- **Weinhefen:** vergären den in Trauben enthaltenen Zucker zu Ethanol
- **Wildhefen:** befinden sich auf den Trauben; werden entfernt, indem man den Most mit SO_2 versetzt (schwefelt)
- **Reinzuchthefen** (*Saccharomyces ellipsoides*): werden dem Most zugesetzt
- **Schaumweine:** Zusatz von CO_2 (Perlweine) oder Nachgärung durch Hefen (Sekt, bei Champagner Nachgärung in der Flasche)

 Fermentation durch Milchsäurebakterien
- Fermentation von **Lactose** zu **Milchsäure**
- Herstellung von Nahrungsmitteln durch Fermentation von Rohstoffen wie Milch
- Haltbarmachung von Lebensmitteln durch **Ansäuerung**
- neben Milchsäurebakterien werden auch andere Bakterien oder Pilze zur Fermentation genutzt

Käseherstellung

- aus Kuh-, Schaf- oder Ziegenmilch (Rohmilch oder pasteurisiert)
- Starterkultur aus den Milchsäurebakterien *Lactobacillus* und *Streptococcus*
- **Casein**: Milchprotein aus mehreren Polypeptid-Untereinheiten, das in Form von Molekülansammlungen (**Micellen**) vorliegt
- Ausfällung von Casein durch Ansäuerung (**Milchsäure**) und/oder **Chymosin (Labferment)** → Gerinnung der Milch
- zur Herstellung bestimmter Käse zusätzlich Nutzung von Bakterien und Pilzen, z. B.:
  - Propionsäurebakterien: Bildung von Löchern im Emmentaler
  - Schimmelpilze (*Penicillium*) für Camembert

Manche Käsesorten werden ohne Milchsäurebakterien nur mit Chymosin hergestellt, z. B. Mozzarella. Wegen der fehlenden Säure sind sie sehr mild und nur begrenzt lagerfähig, weshalb sie meist in starker Salzlake aufbewahrt werden.

13.3 Nutzung der Stoffwechselprodukte von Mikroorganismen

Verfahren zur Gewinnung von **mikrobiellen Stoffwechselprodukten** werden allgemein als **industrielle Fermentationen** bezeichnet, auch wenn es sich nicht um Gärprozesse handelt.

Primärstoffwechsel

- Synthese von **Primärmetaboliten** (z. B. Essigsäure, Aminosäuren, Ethanol)
- findet während der Wachstumsphase der Mikroorganismen statt
- ist an den Energiestoffwechsel gekoppelt, daher Ertragssteigerung begrenzt

Sekundärstoffwechsel

- Synthese von **Sekundärmetaboliten** (z. B. Antibiotika, viele Exopolysaccharide)
- findet in der stationären Phase des Wachstums statt
- ist nicht an den Energiestoffwechsel gekoppelt, daher größerer Ertrag

Überproduzierer

- Stämme, die ein Produkt in besonders großen Mengen bilden
- Förderung der **Überproduktion** des gewünschtes Produkts durch spezielle Methoden, z. B. Blockierung von Stoffwechselzweigen durch Ausschaltung bestimmter Enzyme

13.3.1 Mithilfe von Mikroorganismen hergestellte Produkte

- **Essig**: Oxidation von Ethanol zu Essigsäure durch Essigsäurebakterien (Gluconobacter, Acetobacter)
- **Citronensäure**: durch den Schimmelpilz *Aspergillus niger*, z. B. als Säuerungsmittel für Lebensmittel, Blutgerinnungshemmer
- **Aminosäuren**: durch Bakterien; essenzielle Aminosäuren sind Wachstumsfaktoren für Menschen und Tiere (Nahrungsmittel und Tierfutterindustrie)
- **Vitamine**: v. a. Vitamine der B-Gruppe durch Mikroorganismen (andere meist chemisch synthetisiert); Wachstumsfaktoren für Menschen und Tiere
- **Antibiotika**: Sekundärmetaboliten von Mikroorganismen, die andere Mikroorganismen abtöten oder hemmen; Produktion häufig durch Schimmelpilze
- **gentechnische Pharmaprodukte**: meist Proteinwirkstoffe, die als Hormone oder Immunmodulatoren wirken (z. B. Insulin, Impfstoffe)

Aminosäureproduktion

- mithilfe von konventionell oder gentechnisch optimierten Produktionsstämmen
- mit Mikroorganismen gezielte Produktion der biologisch aktiven L-Form möglich (Vorteil gegenüber chemischer Synthese)
- erfordert Entkoppelung der strengen Regulationsmechanismen
- v. a. Produktion von **Glutaminsäure** durch *Corynebacterium glutamicum* als Geschmacksverstärker und Würzmittel **(Glutamat)**
- Produktion von **Lysin**, **Tryptophan**, **Threonin** und **Methionin** als Nahrungsmittelergänzung
- Produktion von **Aspartat** und **Phenylalanin** für Süßstoffe

Essigherstellung
- O_2-abhängiger Prozess, Ausgangssubstrat meist Wein

a. Orleans-Methode
  - seit dem 14. Jahrhundert angewendet (in Frankreich heute noch)
  - Ethanoloxidation über mehrere Wochen in flachen Bottichen
  - Bakterienfilm schwimmt als Essigmutter auf der Oberfläche

b. Schnellessig-Verfahren
  - im 19. Jahrhundert in Deutschland entstanden
  - Bindung der Essigsäurebakterien an Trägermaterial (z. B. Sägespäne) in einer Tonne
  - Ethanoloxidation erfolgt während des Durchrieselns der Maische

c. Flüssigkultur-Methode
  - moderner Fermentationsprozess als kontinuierliche oder Batch-Kultur
  - Steuerung der optimalen Sauerstoffversorgung durch Begasung

Citronensäureproduktion
- spezielle Wachstumsbedingungen verhindern eine weitere Umsetzung der Citronensäure
- **Oberflächenkultur**: Pilzwachstum in offenen Aluminiumpfannen
- **Submers-Verfahren**: Pilzwachstum in belüfteter Flüssigkultur ∎

Vitamine
- **Vitamin B$_{12}$** in der Natur ausschließlich durch Mikroorganismen (Darmflora) produziert
- Mangel an Vitamin B$_{12}$ verursacht perniziöse Anämie
- Produktion durch *Propionibacterium* und *Pseudomonas denitrificans*
- industrielle Produktion von Riboflavin (Vitamin B$_2$) durch Pilze (*Ashbya*) oder Bacillen

Das 1929 von Alexander Fleming entdeckte **Penicillin** war das erste Antibiotikum, das gereinigt und in größeren Mengen hergestellt werden konnte. Heute sind rund 8000 verschiedene **Antibiotika** bekannt, die aber größtenteils zu toxisch für eine medizinische Anwendung sind. ∎

Antibiotika

- **natürliche Antibiotika**: werden ohne äußere Beeinflussung von Mikroorganismen (Schimmelpilze, Actinomyceten) produziert
- **biosynthetische Antibiotika**: werden aus zugesetztem Vorläufer synthetisiert
- **halbsynthetische Antibiotika**: werden nachträglich chemisch modifiziert, z. B. Abspaltung einer Seitenkette
- **synthetische Antibiotika**: werden rein chemisch synthetisiert
- **Drug Design**: Entwicklung neuer Wirkstoffe mithilfe von Computersimulationen
- Steigerung der Produktionsmenge durch **Stammselektion** des Produktionsstamms
- die meisten wirken **bakteriostatisch** (wachstumshemmend) oder **bakteriozid** (abtötend)

Merkmale der Antibiotika:
- **β-Lactame**: besitzen β-Lactamring
- **Tetracycline**: bestehen aus vier unterschiedlich substituierten, linear angeordneten C_6-Ringen
- **Aminoglykoside**: Polyamine aus mindestens zwei Aminozuckern; enthalten Streptamin oder 2-Desoxy-Streptamin

 Clavulansäure ist als Antibiotikum von speziellem Interesse, weil sie die **β-Lactamase** von Bakterien hemmt, ein Enzym, das den β-Lactam-Ring von Penicillin spaltet und so eine **Penicillin-Resistenz** verursacht. Kombiniert mit Clavulansäure können so auch Penicilline wieder wirksam eingesetzt werden.

Beispiele für von Mikroorganismen produzierte Antibiotika:

Antibiotika-Klasse	Beispiel	produzierender Mikroorganismus	Wirkort
β-Lactame	a. Penicilline b. Cephalosporine	a. *Penicillium chrysogenum* b. *Cephalosporium spec.*	a., b. Peptidoglykan (Zellwandsynthese) von Bakterien
	c. Clavulansäure	c. *Streptomyces clavuligerus* (Schimmelpilze)	c. Hemmung der β-Lactamase von Penicillin-resistenten Bakterien
Tetracycline	Aureomycin Oxytetracyclin	*Streptomyces-* Arten	Ribosomen (Proteinsynthese) von Bakterien
Aminoglykoside	Streptomycin Kanamycin Neomycin	*Streptomyces-* Arten	Ribosomen (Proteinsynthese) von Bakterien
Makrolide	Erythromycin	*Streptomyces erythreus*	Ribosomen (Proteinsynthese) von Bakterien
Polyene	Nystatin Amphotericin	*Streptomyces-* Arten	Cytoplasmamembran von Hefen und Schimmelpilzen

Pharmaprodukte aus GVO

- vielfach **Proteinwirkstoffe**, die beim Menschen als **Hormone** oder **Immunmodulatoren** wirken
- bei traditioneller Produktion geringe Ausbeute und Gefahr von Verunreinigungen
- **Protein-Design**: Entwicklung neuer Proteine für die Pharmaindustrie oder technische Anwendungen mithilfe von Computermodellen

Insulin
- Hormon, das im Zusammenspiel mit **Glucagon** den Blutzuckerspiegel reguliert (Insulin senkt, Glucagon erhöht ihn)
- als Therapeutikum bei **Diabetes mellitus** (Zuckerkrankheit) eingesetzt
- traditionelle Produktion aus der Bauchspeicheldrüse von Rindern oder Schweinen
- gentechnische Produktion in **Hefezellen** oder *E. coli*

 Das Bauchspeicheldrüsenhormon **Insulin** der war das erste gentechnisch hergestellte Produkt (1982 durch die Firma Eli Lilly), das als Therapeutikum (für Diabetes) zugelassen wurde.

Hepatitis-B-Vakzine
- Impfstoff gegen Hepatitis-B-Viren
- traditionelle Produktion aus menschlichem Serum
- gentechnische Produktion in **Hefezellen**
- Vorteil: kein Infektionsrisiko, weil Impfstoff keine vollständigen Viren enthält

weitere Beispiele:
- **Somatotropin**: Wachstumshormon als Therapie bei Minderwuchs
- **Enzyme**, die bei der Blutbildung oder Blutgerinnung eine Rolle spielen
- **Krebstherapeutika**
- weitere **rekombinante Impfstoffe**

13.4 Nutzung der Stoffwechselleistungen von Mikroorganismen

Neben Produkten des Stoffwechsels werden auch **enzymatische Leistungen** von Mikroorganismen oder aus ihnen isolierte **Enzyme** biotechnologisch genutzt.

13.4.1 Nutzung mikrobieller Enzyme

Exoenzyme
- werden von Mikroorganismen ausgeschieden
- Vorteil: sind einfacher zu isolieren als intrazelluläre Enzyme
- dienen vielfach der Depolymerisierung
- Beispiele: Cellulasen, Proteasen, Pektinasen, Lipasen, Restriktionsenzyme etc.
- Anwendungsbereiche: Nahrungsmittelindustrie, Waschmittelindustrie, Lederwarenindustrie, Gentechnik u. a.

immobilisierte Enzyme
- sind an Trägersubstanz gebunden oder in Vesikel eingeschlossen
- Vorteil: mehrmalige Nutzung des Enzyms; Produkt ist enzymfrei und leichter zu reinigen
- Beispiel: Waschmittel („Megaperls")

Extremozyme
- neuerdings genutzte Enzyme extremophiler Mikroorganismen
- Vorteil: eignen sich für Prozesse, die unter Extrembedingungen ablaufen
- Produktion erfolgt meist in rekombinanten mesophilen Organismen (z. B. *E. coli*)
- z. B. DNA-Polymerasen aus hyperthermophilen Archaea und Bacteria sind hitzeresistent bei PCR

technische Enzyme
- Enzyme, die als Biokatalysatoren anstelle chemischer Katalysatoren in industriellen Umsetzungsprozessen Verwendung finden
- Vorteile: geringerer Energiebedarf, höhere Substratspezifität
- Anwendungsbereiche: Lebensmittelverarbeitung (Stärkespaltung, Käseherstellung u. a.), Waschmittelherstellung, medizinische Diagnostik, Papierherstellung, Leder- und Textilindustrie
- z. B. Proteasen und Lipasen als Waschmittelzusätze

rekombinante Enzyme
- medizinisch und industriell genutzte Enzyme aus rekombinanten Organismen
- z. B. Chymosin – in Deutschland erst sein 1997 zugelassen

Biokonversion (Biotransformation)
- Verfahren, bei dem bestimmte Schritte einer chemischen Synthese von Mikroorganismen durchgeführt werden
- Reaktionen meist chemisch sehr aufwändig und unwirtschaftlich
- v. a. zur Synthese von **Steroiden** (Steroidhormonen) wie Cortison angewendet
- zur Herstellung von **Cortison** wird **Progesteron** durch den Pilz *Rhizopus nigricans* hydroxyliert, alle weiteren Schritte erfolgen chemisch

13.4.2 Umweltbiotechnologie: Reinigungs- und Entgiftungsprozesse

 Abwasserreinigung
- Nutzung der Abbaufähigkeiten von Mikroorganismen zur Wasseraufbereitung bereits seit über 100 Jahren

Kläranlage
- zentrale Anlage zur Reinigung der Abwässer einer Stadt oder Kommune
- **mechanische Reinigungsstufe**: Abtrennung fester Bestandteile durch Rechen und Siebe
- **biologische Reinigungsstufe**: Abbau organischer Substanzen durch Mikroorganismen
- **chemische Reinigungsstufe**: Ausfällung oder Filtration anorganischer Stoffe, Chlorierung

Biochemischer Sauerstoffbedarf (BSB)
- Gehalt an oxidierbaren organischen Substanzen im Abwasser
- dient als Maßstab für die organische Belastung
- hohe BSB-Werte gefährden die Ökologie eines Gewässers
- wird in Kläranlage stark gesenkt

aerobe Abwasserbehandlung

a. Belebtschlammverfahren
- Durchführung in belüftetem Belebungsbecken
- nach Zusatz von Impfschlamm erfolgt Abbau der organischen Stoffe

b. Tropfkörperverfahren
- Mikroorganismen sind an Trägermaterial gebunden
- Abbau organischer Stoffe während der Berieselung mit Abwasser
- **Vorfluter**: Gewässer (meist Fluss), in das das gereinigte Wasser eingeleitet wird

anaerobe Klärschlammbehandlung
- im Faulbecken oder Faulturm
- **Primärschlamm** (Vorklärschlamm) aus Absatzbecken (nach mechanischer Reinigung)
- **Sekundärschlamm** (Überschussschlamm) aus Nachklärbecken (nach aerober biologischer Reinigung)
- Abbau der organischen Verbindungen durch Zusammenwirken verschiedener Mikroorganismen
- hydrolytische, fermentative, acetogene und methanogene Bakterien
- dabei entstehendes **Biogas** (Gemisch aus CO_2 und CH_4) kann als Energieträger genutzt werden

Aufbereitung von Bioabfall
- Methoden der **Mineralisation** fester organischer Abfälle
- Voraussetzung für gute Verrottung: mechanische Zerkleinerung, Aussortieren von Fremdstoffen
- **Kompostierungsverfahren**: aerober Abbau von organischem Material in offenen Beeten (**Kompostierungsanlagen**) durch Mikroorganismen (v. a. Bakterien, Actinomyceten)
- **Gärverfahren**: anaerober Abbau von organischem Material im **Gärreaktor** (entspricht Ablauf im Faulturm) durch Bakterien

Bodensanierung (Altlastensanierung)
- Reinigung kontaminierter Böden mithilfe von Mikroorganismen
- **In-situ-Verfahren**: Behandlung des Bodens an Ort und Stelle
- **Ex-situ-Verfahren**: Abtragung des Bodens und Behandlung in speziellen Mieten oder Bioreaktoren

13.4.3 Weitere Nutzung von Mikroorganismen

 Erzlaugung
- Nutzung der **Schwefelsäurebildung** durch Bakterien zur Ausbeutung unlöslicher Erze
- Wachstum acidophiler Bakterien wird durch Ansäuerung gefördert
- Oxidation der unlöslichen Metallsulfide zu löslichen Metallsulfaten durch Bakterien wie *Thiobacillus ferrooxidans*
- erfolgt oberirdisch als Haldenlaugung oder als Untertagelaugung
- u. a. Gewinnung von Kupfer, Gold

biologischer Pflanzenschutz
- Schutz von Nutzpflanzen vor Schäden durch Schadinsekten, Krankheitserreger oder Wettereinflüsse (Frost)
- Bakterien, Viren oder Pilze ermöglichen gezielte **Schädlingsbekämpfung**
- **Frostschäden** oft verstärkt durch Bodenbakterien mit bestimmten Membranproteinen, die als Kristallisationskeime für Wassertropfen wirken

Eis-Minus-Mutanten
- Bodenbakterien, denen die Gene zur Synthese dieser Proteine fehlen
- entstehen spontan oder durch gentechnische Methoden
- Einsatz der Mutanten als Frostschutzbakterien für Kulturpflanzen

Biopestizide
- Pflanzenschutzmittel, die Mikroorganismen oder mikrobielle Produkte enthalten
- z. B. Präparate mit Baculoviren oder *Bacillus thuringiensis*
- *Bacillus thuringiensis* enthält für bestimmte Insekten toxisches Protein (**Bt-Toxin**)
- Bt-Toxin-Gene wurden auf andere Organismen (auch direkt auf Pflanzen) übertragen

Index